纪念反法西斯战争胜利70周年精品献礼

A COLLECTION OF WORLD CLASSIC WEAPONS

世界经典武器装备

空战武器

李斌 ◎ 主编

中国经济出版社
CHINA ECONOMIC PUBLISHING HOUSE

·北京·

图书在版编目（CIP）数据

经典空战武器装备 / 李斌主编.

北京：中国经济出版社，2015.6
ISBN 978-7-5136-3735-0

Ⅰ．①经⋯ Ⅱ．①李⋯ Ⅲ．①空军装备—武器装备—世界—普及读物 Ⅳ．①E926-49

中国版本图书馆CIP数据核字（2015）第039178号

责任编辑	丁　楠
责任审读	贺　静
责任印制	马小宾
封面设计	久品轩

出版发行	中国经济出版社
印 刷 者	北京科信印刷有限公司
经 销 者	各地新华书店
开　　本	787mm×980mm　1/16
印　　张	26.5
字　　数	333千字
版　　次	2015年6月第1版
印　　次	2015年6月第1次
定　　价	158.00元

广告经营许可证　京西工商广字第8179号

中国经济出版社 网址www.economyph.com　社址 北京市西城区百万庄北街3号　邮编100037
本版图书如存在印装质量问题，请与本社发行中心联系调换（联系电话：010-68330607）

版权所有　盗版必究（举报电话：010-68355416　010-68319282）
国家版权局反盗版举报中心（举报电话：12390）　服务热线：010-88386794

编委会

主　　编　李　斌
副主编　赵　丽　崔晓晖
编　　者　李　斌　赵　丽
　　　　　崔晓晖　申秋萍

前 言

战争是人类永恒的话题,遏制战争并最终消灭战争是人类的最高和平愿望。在和平与发展仍然是当今世界主题的时代背景下,世界并不太平,战火从未间断,战争的风险依旧存在。因此,热爱和平,我们必须研究战争。

战争是一门高深的艺术,研究战争的方法多种多样。从武器装备入手,了解武器装备的作用机理、武器装备的历史演变、武器装备在战争中的运用,是认识战争、剖析战争的不二法门。

本系列丛书从武器装备的起源说起,阐述了武器装备的特点、分类以及未来的发展,精心挑选了具有代表性的经典武器装备加以详尽介绍,并通过生动的事例讲述了武器装备在战争以及重大事件中的具体运用,期望为读者朋友提供一个了解武器装备、研究武器装备、提高武器装备鉴赏能力的全新平台。

经典 空战武器装备

目 录

第一章　战斗机

一、战斗机概述 ········· 003
　（一）战斗机的历史 ········· 004
　（二）战斗机的分类 ········· 009
　（三）战斗机的特点 ········· 012
　（四）战斗机的未来 ········· 012

二、经典战斗机 ········· 013
　（一）日本零式战斗机 ········· 014
　（二）苏联米格–15战斗机 ········· 016
　（三）俄罗斯苏–27战斗机 ········· 018
　（四）苏联米格–29战斗机 ········· 021
　（五）法国幻影–2000战斗机 ········· 023
　（六）瑞典JAS-39战斗机 ········· 026
　（七）美国F–4战斗机 ········· 029

（八）美国 F-16 战斗机 ⋯⋯⋯⋯⋯⋯⋯⋯⋯⋯⋯⋯⋯ 032
（九）美国 F-22 战斗机 ⋯⋯⋯⋯⋯⋯⋯⋯⋯⋯⋯⋯⋯ 035
（十）美国 F-35 战斗机 ⋯⋯⋯⋯⋯⋯⋯⋯⋯⋯⋯⋯⋯ 038
三、战斗机背后的故事 ⋯⋯⋯⋯⋯⋯⋯⋯⋯⋯⋯⋯⋯⋯⋯⋯ 041
　　米格走廊 ⋯⋯⋯⋯⋯⋯⋯⋯⋯⋯⋯⋯⋯⋯⋯⋯⋯⋯⋯ 042

第二章　轰炸机

一、轰炸机概述 ⋯⋯⋯⋯⋯⋯⋯⋯⋯⋯⋯⋯⋯⋯⋯⋯⋯⋯⋯ 049
　　（一）轰炸机的历史 ⋯⋯⋯⋯⋯⋯⋯⋯⋯⋯⋯⋯⋯⋯ 050
　　（二）轰炸机的分类 ⋯⋯⋯⋯⋯⋯⋯⋯⋯⋯⋯⋯⋯⋯ 054
　　（三）轰炸机的特点 ⋯⋯⋯⋯⋯⋯⋯⋯⋯⋯⋯⋯⋯⋯ 056
　　（四）轰炸机的未来 ⋯⋯⋯⋯⋯⋯⋯⋯⋯⋯⋯⋯⋯⋯ 057
二、经典轰炸机 ⋯⋯⋯⋯⋯⋯⋯⋯⋯⋯⋯⋯⋯⋯⋯⋯⋯⋯⋯ 059
　　（一）英国蚊式轰炸机 ⋯⋯⋯⋯⋯⋯⋯⋯⋯⋯⋯⋯⋯ 060
　　（二）英国火神轰炸机 ⋯⋯⋯⋯⋯⋯⋯⋯⋯⋯⋯⋯⋯ 063
　　（三）美国 B-17 轰炸机 ⋯⋯⋯⋯⋯⋯⋯⋯⋯⋯⋯⋯ 066
　　（四）美国 B-29 轰炸机 ⋯⋯⋯⋯⋯⋯⋯⋯⋯⋯⋯⋯ 069
　　（五）美国 B-52 轰炸机 ⋯⋯⋯⋯⋯⋯⋯⋯⋯⋯⋯⋯ 072
　　（六）美国 B-2 轰炸机 ⋯⋯⋯⋯⋯⋯⋯⋯⋯⋯⋯⋯⋯ 075
　　（七）苏联图-16 型轰炸机 ⋯⋯⋯⋯⋯⋯⋯⋯⋯⋯⋯ 078
　　（八）俄罗斯图-22 轰炸机 ⋯⋯⋯⋯⋯⋯⋯⋯⋯⋯⋯ 081
　　（九）俄罗斯图-95 轰炸机 ⋯⋯⋯⋯⋯⋯⋯⋯⋯⋯⋯ 084
　　（十）俄罗斯图-160 轰炸机 ⋯⋯⋯⋯⋯⋯⋯⋯⋯⋯ 088

三、轰炸机背后的故事……………………………………091
　　轰炸东京……………………………………092

第三章　战斗轰炸机

一、战斗轰炸机概述……………………………………099
　　（一）战斗轰炸机的历史……………………………100
　　（二）战斗轰炸机的特点……………………………105
　　（三）战斗轰炸机的未来……………………………106
二、经典战斗轰炸机……………………………………107
　　（一）俄罗斯苏–24战斗轰炸机………………………108
　　（二）俄罗斯苏–30MK战斗轰炸机……………………110
　　（三）俄罗斯苏–34战斗轰炸机………………………113
　　（四）俄罗斯T–50战斗轰炸机…………………………116
　　（五）美国F–105战斗轰炸机…………………………119
　　（六）美国F–111战斗轰炸机…………………………122
　　（七）美国F–15E战斗轰炸机…………………………125
　　（八）美国F/A–18E/F战斗轰炸机……………………128
　　（九）美国F–117A战斗轰炸机………………………130
　　（十）欧洲狂风战斗轰炸机……………………………132
三、战斗轰炸机背后的故事……………………………135
　　（一）世界上第一架无尾飞翼喷气式战斗轰炸机
　　　　　揭秘……………………………………………136
　　（二）以色列偷袭伊拉克核反应堆……………………138

第四章　攻击机

一、攻击机概述…………………………………………… 143
　（一）攻击机的历史………………………………… 144
　（二）攻击机的特点………………………………… 147
　（三）攻击机的未来………………………………… 147
二、经典攻击机…………………………………………… 149
　（一）德国容克 –87 攻击机………………………… 150
　（二）苏联伊尔 –2 攻击机………………………… 152
　（三）美国 A–4 舰载攻击机……………………… 155
　（四）美国 A–6 攻击机…………………………… 157
　（五）美国 A–7 攻击机…………………………… 159
　（六）美国 A–10 攻击机…………………………… 161
　（七）美国 AV–8 攻击机…………………………… 163
　（八）俄罗斯苏 –25 攻击机……………………… 165
　（九）英法"美洲豹"攻击机……………………… 167
　（十）法国"超军旗"攻击机……………………… 169
三、攻击机背后的故事…………………………………… 171
　　致命的天鹰………………………………………… 172

第五章　侦察机

一、侦察机概述…………………………………………… 177
　（一）侦察机的历史………………………………… 178
　（二）侦察机的特点………………………………… 181
　（三）侦察机的分类………………………………… 181

（四）侦察机的未来……………………………………… 182
二、经典侦察机 …………………………………………………… 183
　　（一）美国 U-2 侦察机 …………………………………… 184
　　（二）美国 SR-71 侦察机 ………………………………… 187
　　（三）美国 P-2V 侦察机 …………………………………… 189
　　（四）美国 P-3 反潜巡逻机 ……………………………… 192
　　（五）美国 EP-3 侦察机 ………………………………… 195
　　（六）美国 P-8 反潜巡逻机 ……………………………… 198
　　（七）美国 OV-10 轻型攻击侦察机 ……………………… 201
　　（八）俄罗斯米格 -25 侦察机 …………………………… 204
　　（九）俄罗斯图 -142 反潜巡逻机 ………………………… 207
　　（十）日本 P-1 反潜巡逻机 ……………………………… 210
三、侦察机背后的故事 …………………………………………… 213
　　U-2 风波 ………………………………………………… 214

第六章　预警机

一、预警机概述 …………………………………………………… 221
　　（一）预警机的历史 ……………………………………… 222
　　（二）预警机的特点 ……………………………………… 228
　　（三）预警机的分类 ……………………………………… 229
　　（四）预警机的未来 ……………………………………… 229
二、经典预警机 …………………………………………………… 231
　　（一）美国 E-2 预警机 …………………………………… 232
　　（二）美国 E-3 预警机 …………………………………… 236

经典空战武器装备

　　（三）美国 E-8 预警机 …………………………… 239
　　（四）苏联图 -126 预警机 ………………………… 242
　　（五）俄罗斯 A-50 预警机 ………………………… 245
　　（六）以色列"费尔康"预警机 …………………… 248
　　（七）澳大利亚"楔尾"预警机 …………………… 251
　　（八）瑞典"爱立眼"预警机 ……………………… 254
　　（九）俄罗斯卡 -31 预警直升机 ………………… 257
　　（十）英国"海王"空中预警直升机 ……………… 260
三、预警机背后的故事 …………………………………… 263
　　半路夭折的苏联舰载预警机 ……………………… 264

第七章　无人机

一、无人机概述 …………………………………………… 271
　　（一）无人机的历史 ………………………………… 272
　　（二）无人机的特点 ………………………………… 277
　　（三）无人机的分类 ………………………………… 278
　　（四）无人机的未来 ………………………………… 280
二、经典无人机 …………………………………………… 281
　　（一）美国全球鹰无人机 …………………………… 282
　　（二）美国捕食者无人机 …………………………… 285
　　（三）美国 X-47 无人机 …………………………… 288
　　（四）美国 D-21 无人机 …………………………… 291
　　（五）美国 RQ-170 无人机 ………………………… 294
　　（六）欧洲"神经元"无人机 ……………………… 296

（七）以色列苍鹭无人机…………………299

　　（八）以色列"哈比"无人机…………………302

　　（九）美国火蜂无人机…………………305

　　（十）英国"雷电之神"无人机…………………308

三、无人机背后的故事…………………311

　　夺命无人机…………………312

第八章　运输机

一、运输机概述…………………317

　　（一）运输机的历史…………………318

　　（二）运输机的分类…………………322

　　（三）运输机的特点…………………323

　　（四）运输机的未来…………………323

二、经典运输机…………………325

　　（一）美国C-130运输机…………………326

　　（二）美国C-141运输机…………………329

　　（三）美国C-5运输机…………………332

　　（四）美国C-17运输机…………………335

　　（五）俄罗斯安-12运输机…………………338

　　（六）俄罗斯伊尔-76运输机…………………340

　　（七）俄罗斯安-124运输机…………………343

　　（八）俄罗斯安-225运输机…………………346

　　（九）欧洲A400M运输机…………………349

　　（十）日本XC-2运输机…………………352

三、运输机背后的故事……………………………………………………355

　　（一）功不可没的驼峰航线……………………………………356

　　（二）侧应诺曼底………………………………………………359

第九章　空中加油机

一、空中加油机概述……………………………………………………367

　　（一）空中加油机的历史………………………………………368

　　（二）空中加油机的分类………………………………………373

　　（三）空中加油机的作用………………………………………375

　　（四）空中加油机的未来………………………………………376

二、经典空中加油机……………………………………………………379

　　（一）美国 KA-6D 空中加油机…………………………………380

　　（二）美国 KC-130 空中加油机…………………………………383

　　（三）美国 KC-135 空中加油机…………………………………386

　　（四）美国 KC-10 空中加油机……………………………………389

　　（五）美国 KC-767 空中加油机…………………………………392

　　（六）英国 L-1011 空中加油机…………………………………395

　　（七）俄罗斯伊尔-78 空中加油机………………………………399

　　（八）欧洲 A330 MRTT 空中加油机……………………………402

三、空中加油机背后的故事……………………………………………405

　　空中加油机助战阿富汗…………………………………………406

第一章 战斗机

一、战斗机概述

战斗机,也称歼击机,英文名称 Fighter,是一种主要用于在空中消灭敌机和其他飞航式空袭兵器的军用飞机。第二次世界大战(简称二战)前,战斗机曾被广泛称为驱逐机。

战斗机装备有航炮、空对空导弹、空对地导弹等武器装备,具有火力强、速度快、机动性好等特点,是航空兵空中作战的主要机种,主要担负与敌方战斗机空战,夺取战场制空权,拦截敌方轰炸机、强击机、巡航导弹以及对地攻击等任务。

经典空战武器装备

（一）战斗机的历史

1903年，美国莱特兄弟发明了世界上第一架飞机后，人们便尝试着将飞机用于军事目的。最初，飞机主要用于战场侦察，机上并没有装备任何武器，敌对双方飞机在空中相遇时，飞行员甚至使用手枪相互射击。

1912年6月2日，美国陆军通信兵航空师的一架"怀特"式双翼飞机在马里兰州的学院公园里进行了一次试飞实验，飞机由托马斯德·威特·米令中尉驾驶，钱德勒上尉负责操纵"路易斯"式机枪。

1913年，在伦敦奥林匹亚航展上，英国维克斯有限公司展出了"破坏者"式18型飞机。这是一款双座双翼飞机，装备水冷型"沃尔斯利"推进式发动机和固定在机头位置的自由射击型"马克沁"机枪。

德国 Fokker D.VII 战斗机

英国 F.E.2b 战斗机

1914年11月4日,法国第24飞行小队的约瑟夫·弗朗茨中尉驾驶一架装备"哈奇开斯"式机枪的"沃伊斯恩"式双翼飞机执行任务,与敌方的昆纳尔特下士驾驶的飞机相遇,昆纳尔特向"沃伊斯恩"飞机发射了47发子弹,将其击落。由此,"沃伊斯恩"就成为了历史上第一架被另一架飞机击落的飞机。

第一次世界大战(简称一战)中,德国的"福克E3"式(外号"信天翁")由于装备了性能更好的机枪同步射击装置,以其优异的飞行性能和猛烈的火力成为第一次世界大战中性能最好、击落飞机数量最多的战斗机,被协约国方称为"福克式的灾难"。

英国 Sopwith Triplane 三翼战斗机

虽然在第一次世界大战结束之后，各国积极裁减军备，同时减缓国防工业的投资，但民用航空的需求带动许多技术与理论的发展与成熟，为20世纪30年代后期军用飞机的快速发展奠定了良好的基础。在两次世界大战之间，战斗机采用了更坚固的材料和功率更强大的发动机，装备了火力更强的武器系统。

第二次世界大战期间，战斗机不仅承担国土防空任务，并用于攻击敌方的战斗机，而且还直接用于拦截敌方的轰炸机，在空中摧毁敌人的对地攻击力量。战争初期，大批双翼飞机还在众多的空军部队服役，但当战争接近尾声之际，喷气式飞机开始走进英国皇家空军和纳粹德国空军部队。

大战结束前，战斗机的发展已经到达一个顶峰，并且开启另外一个时代。短短几年之间，战斗机的发动机功率从数百马力上升到2000马力，飞行速度接近音速，航程超过3000千米，最高升限达12000米。

此时，世界各国最先进的战斗机大多采用金属结构，武器装备由步枪口径的轻机枪变为12.7毫米或12.7毫米以上的重机枪，或者是20毫米及更

大口径的机关炮(也称机炮),部分飞机采用轻重机枪混合搭配,还有一部分飞机采用机枪与机关炮混合搭配。

第二次世界大战末期,喷气式发动机和雷达设备的出现开启了战斗机发展的新时代。1939年,德国研制出世界上第一架He-178型喷气式战斗机,并于1939年8月27日首次试飞。战后,苏联和西方国家从纳粹德国获得了这项技术的研究成果,各自发展出第一代喷气式战斗机。朝鲜战争中,喷气式战斗机第一次投入实战,标志着螺旋桨式战斗机时代的终结。

1949年,美国北美航空公司成功研制出F-100战斗机。这是世界上第一种具有超音速平飞能力的战斗机,最高时速为1.3马赫。此后,苏联米格-19战斗机也在1953年的试飞中突破音速,最高时速为1.36马赫。20世纪60年代,美、苏、法等国又研制出时速为2倍音速以上的战斗机。

随着电子技术的进步,战斗机开始装备机载雷达和先进的武器火控瞄准

美国F-100"超佩刀"战斗机

经典空战武器装备

系统。二战时期，战斗机上的雷达需要由专门的人员操作，二战末期美国海军开始在 F-6F 和 F-4U 战斗机上加装由飞行员操作的雷达，开启了单座战斗机配备雷达的新纪元。此后，随着机载雷达数量的增多，战斗机开始装备电脑用来处理接收到的各种信号。

二战末期，德国首先进行空对空导弹的试验，美国则进行空对地导弹的验证。20 世纪 50 年代中期，最早的雷达与红外线制导的空对空导弹开始量产。由于导弹能够在夜间和视野较差的环境发挥作用，而且飞行员不需要像过去一样靠近对方飞机，就能够取得较高的命中率。因此，许多国家开始以导弹全面取代机枪或者是机炮，如美国的 F-4、苏联的米格 –21、英国的"闪电"式战斗机都曾经以导弹作为空战的唯一武器。

美国 F-4F "野猫"战斗机

（二）战斗机的分类

一是根据外形布局区分，战斗机可分为单翼机、双翼机和三翼机；正常尾翼飞机和鸭式飞机。其中，鸭式飞机的尾翼在机翼前面，这种布局有利于提高飞机的机动性。尾翼飞机按垂直尾翼的数量，还可以分为单立尾飞机、双立尾飞机、V形尾飞机、三立尾飞机和无尾飞机。一般飞机都为单立尾式，如F-18、F-117均采用V字形尾翼布局，幻影-2000采用的则是无尾翼。

二是根据起落架滑行方式，战斗机可分为轮式起落架飞机、滑橇式起落架飞机、浮筒式飞机。其中，轮式起落架飞机在陆地上起飞和着陆，滑橇式起落架飞机可在水上或冰雪上起落，浮筒式起落架飞机能在水上起落。

三是根据起落性能，战斗机可分为普通滑跑起落飞机和垂直短距起落飞机。

四是根据发动机的类型，战斗机可分为活塞式发动机飞机、涡轮喷气发动机飞机。按照发动机安装的位置还可分为机身内式发动机飞机、翼内式发动机飞机、翼上式发动机飞机、翼下式发动机飞机、翼吊式发动机飞机和尾吊式发动机飞机。按发动机数量可分为单发动机飞机、双发动机飞机、多发动机飞机。

五是按照飞行速度和航程，战斗机可分为亚音速飞机、超音速飞机；近程飞机、中程飞机、远程飞机。其中亚音速飞机又可分为低速飞机、中亚音

经典空战武器装备

速飞机、高亚音速飞机三种。

六是按年代分类，目前喷气式战斗机共有四代。其中，第一代战斗机的最大速度为0.9～1.3马赫，装备有航炮、火箭弹和第一代空对空导弹；机上装有光学—机电式瞄准工具和第一代雷达。主要代表型号为美国的F-86、F-100战斗机，苏联的米格-15、米格-19战斗机，中国歼-5、歼-6战斗机等。

第二代战斗机的最大速度为2～2.5马赫，装备第二代空对空导弹和航炮，并装有第二代雷达和具有一定拦射能力的火控系统。代表型号为美国的F-4、F-104战斗机，苏联的米格-21、米格-23战斗机，法国的"幻影"Ⅲ战斗机，中国歼-7、歼-8战斗机等。

第三代战斗机的最大速度与第二代相近，但增加了中距和近距格斗导弹、速射航炮，并装有第三代雷达和全方向、全高度、全天候火控系统和航空电子系统，机动性也有大幅提高。代表型号有美国的F-15、F-16、F-18战斗机，苏联的米格-29、苏-27战斗机，法国的幻影-2000、"阵风"战斗机，欧洲的"台风"战斗机，瑞典的JAS-39战斗机，中国的歼-10、歼-11战斗机等。

苏联米格-23"鞭挞者"战斗机

第四代飞机具有"4S"标准,即隐身性能(Stealth)、超音速巡航能力(Supercruise)、高机动性与敏捷性(Super-maneuverability)、超级航空电子系统(Superior Avionics for Battle Awareness and Effectiveness)。现达到"4S"的型号仅有美国的F-22、F-35战斗机,俄罗斯的T-50战斗机,中国的歼-20战斗机。

（三）战斗机的特点

一是机身重量轻。与轰炸机、运输机等相比，战斗机体型较小、重量较轻。

二是机动性强。为了适应空中拦截任务的需要，战斗机通常情况下飞行速度较快、转弯半径较小、空中机动性能强。

三是火力猛。为了提高先机制敌的能力，战斗机装备有射速较快、射程较远的航炮、空对空导弹等武器。

（四）战斗机的未来

一是向多用途方向发展。为了提高战斗机执行多种任务的能力，以及降低军用飞机的制造成本，世界各国在设计战斗机时，不仅强调其执行空战任务的能力，还往往赋予其轰炸机、战斗轰炸机等多种角色。

二是向隐身化方向发展。为了提高战斗机的生存能力和空中突防能力，随着隐身材料技术、等离子体隐身技术、应用微波传播指示技术的发展，战斗机的机身将更薄、更轻、结构更强，红外、雷达特征将进一步减小，综合隐身性能更好。

三是向超音速方向发展。通过提高战斗机的速度，不仅可以将拦截范围向前扩大，提高机载导弹的发射初始速度，扩大攻击区域和实现先敌攻击，还可以缩短突防时敌方地面雷达的预警时间。

二、经典战斗机

经典空战武器装备

（一）日本零式战斗机

零式战斗机，也称零式舰载战斗机，是日本第二次世界大战期间的主力舰载战斗机，也是日本海军在二战时最知名的战斗机。该机由三菱重工设计，并由三菱重工与中岛飞行机株式会社两家企业共同生产，生产数量约11000架，其中约2/3为中岛飞行机株式会社生产。

1937年5月19日，日本海军向三菱和中岛两家公司提出一个舰载战斗机的设计方案，计划研制十二式舰载战斗机，编号A6M，用于取代刚刚服役的三菱96式（A5M）舰载战斗机。由于日本军方需求过于苛刻，中岛公司于设计阶段退出，后由三菱公司独家设计。

1939年3月，第一架原型机组装完毕；1939年4月1日，该机在位于岐阜县的陆军各务原机场首次试飞成功；1940年7月（昭和15年），开始编入日本海军服役。由于这一年正好是皇纪2600年，后两个数字刚好是"00"，因此被称为零式战斗机。

该机共有A6M1、A6M2、A6M3、A6M5、A6M6、A6M7、A6M8等多种型号，机上装有2门20毫米航炮、2挺7.7毫米机枪（部分机型换装为13.2毫米）、2枚60千克炸弹，主要作为舰载战斗机、陆基战斗机、战斗轰炸机使用。

零式战斗机是日本飞机设计的重要里程碑。首次采用全封闭可收放起落架；电热飞行服、大口径机关炮、恒速螺旋桨、杜拉铝承力构造，气泡形座舱和可抛弃的大型副油箱等。

1940年，零式战斗机开始投入作战。1940年9月13日，13架零式战斗机在重庆以东空域和27架中国空军的伊-15、伊-16机群相遇。空战中，中国空军飞机共有13架被击毁、11架被击伤，而零式战斗机无一损失，这也是抗日战争期间中国空军损失最严重的一次。

零式战斗机的最大问题是飞机太小，当初设计时没有留下足够的升级空间，无法安装体积较大的发动机，功率提升有限，所以当后期的零式战斗机安装上防护装甲，换装了功率更大的发动机后，单位功率并没有提高，反而使格斗性能有所下降。随着美军战斗机格斗性能的不断进步，特别是F-6F"恶妇"战斗机出现以后，零式战斗机就完全失去了威力。

主要参数（A6M2型）			
机　　长	9.06米	飞行速度	534千米/小时
翼　　展	12米	最大航程	3000千米
机　　高	3.05米	实用升限	10000米
乘　　员	1人	爬升率	13.4米/秒
空　　重	1680千克	武器装备	2门20毫米航炮，2挺7.7毫米机枪，2枚60千克炸弹
起飞重量	2796千克（最大）		

日本零式战斗机

经典空战武器装备

（二）苏联米格-15 战斗机

米格-15 战斗机，是苏联第二次世界大战后设计的一种高亚音速单座喷气式战斗机，也是苏联第一代实用型喷气式战斗机。该机由米高扬·格列维奇飞机设计局设计，北约绰号"柴捆"（Fagot）。

该机于 1946 年开始设计，1947 年 6 月首飞，1948 年 3 月投入批量生产，年底开始交付苏联空军，1954 年停产，共生产 16500 架，是苏联制造数量最多的喷气式飞机。

该机共有米格-15、米格-15P（单座全天候拦截机）、米格-15SB（单座战斗轰炸机）、米格-15SP-5（双座全天候拦截机）、米格-15 比斯（改进型单座战斗机）、米格-15 比斯 T（单座拖靶训练机）等型号。该机不仅大量装备苏联空军，而且波兰、捷克还曾进行仿制，中国在建国初期也购买了大量米格-15 飞机。

米格-15 采用后掠机翼设计，后掠角 35°，是世界上第一种实用型后掠翼飞机；机身采用全金属半硬壳式结构，机身外形光滑；采用机头进气方式，机身上方为水泡形座舱盖，里面装有弹射座椅；翼下可挂 2 个副油箱或 2 枚 100～250 千克炸弹；机头下方装有 1 门 37 毫米航炮和 2 门 23 毫米航炮，备弹 200 发。

作为一款非常优秀的战斗机，米格-15 与当时的美国 F-86 战斗机相

比，在许多指标上具有优势。特别是装备的大口径航炮，可以击穿当时所有飞机。朝鲜战争中，米格–15以其优异的性能令美国空军飞行员胆战心惊，F–80、F–84、F–86等战斗机无法与米格–15抗衡。

主要参数（米格–15比斯）			
机　　长	10.08米	飞行速度	1059千米/小时
翼　　展	10.08米	最大航程	1240千米
机　　高	3.7米	实用升限	15500米
乘　　员	1人	爬升率	51.2米/秒
空　　重	3630千克	武器装备	1门37毫米航炮和两门23毫米航炮
起飞重量	6105千克（最大）		

苏联米格–15战斗机

（三）俄罗斯苏-27战斗机

苏-27战斗机，绰号"侧卫"（Flanker）。该机以美国F-15重型战斗机为主要假想敌，由苏联苏霍伊设计局研制，是一种单座双发全天候重型战斗机，具有机动性好、续航时间长、超视距作战能力强等特点，主要担负国土防空、护航、海上巡逻等任务。

为了反制美国F-15重型战斗机，苏联于1969年将研制新型战斗机的任务下达给了苏霍伊、米高扬和雅可夫列夫三个著名的飞机设计局。

1971年初，苏霍伊设计局提出的T-10设计方案入选。首架T-10-1（北约代号"Flanker-A"）于1977年初出厂，同年5月20日试飞。1978年，2号机T-10-2出厂，但在不久后的试飞中，由于电传操纵系统故障而坠毁，试飞员牺牲。3号机T-10-3于1979年出厂，并于同年8月23日首飞成功。

就在苏-27战斗机研制工作即将大功告成的时候，苏联从波兰间谍马里安·佐查斯基得到的F-15情报对比后，发现T-10依然处于下风。为此，该机几乎重

主要参数（Su-27SK）			
机　　长	21.9 米	飞行速度	2500 千米 / 小时
翼　　展	14.70 米	最大航程	3530 米
机　　高	5.92 米	实用升限	19000 米
乘　　员	1 人	爬升率	300 米 / 秒
空　　重	16380 千克	武器装备	1 门 30 毫米航炮（备弹 150 发），10 个外挂架（最大载弹量 4430 千克，可挂载 AA-8、AA-9、AA-10、AA-11 等空对空导弹，各型空对地导弹，各种炸弹以及火箭发射巢。）
起飞重量	30450 千克（最大）		

乌克兰空军装备的 Su-27UB 教练机

新设计，被命名为 T-10S（S 代表系列即 Series）。

1980 年，第一架 T-10S-1 出厂，1981 年 4 月 20 日首飞，但性能依然不够可靠，最后因燃油系统故障于 1981 年 9 月 3 日坠毁，试飞员逃生。1981 年 12 月 23 日，第 2 架 T-10S-2 由于前缘襟翼故障坠毁，试飞员不幸遇难。经过一系列改进后，真正的生产型苏-27 终于在 1982 年 11 月出厂，北约代号为 Flanker-B，苏联称之为苏-27S，并于 1985 年服役。

苏-27 飞机自出现以来曾创造多项世界飞行纪录。该机从地面爬升到 3000 米仅用了 25.4 秒，之后又创造了爬升到 6000 米、9000 米和 12000 米的纪录。这些纪录分别比美国的 F-15 快了 2 秒。在 1989 年巴黎国际航空展览会上，俄罗斯飞行员维克多·普加乔夫驾驶苏-27 表演的"眼镜蛇"特技飞行动作，在航空界更是引起了极大震动。

苏-27 共有 Su-27、Su-27K（舰载战斗/攻击型）、Su-27KU（双座战斗轰炸型）、苏-27UB（双座教练）、Su-27P（即 Su-27S）、Su-27PD（加装空中加油装置）、Su-27SK（出口型）、Su-27SMK（Su-27SK 改良出口型）等型号。该机不仅大量装备俄罗斯空军，还大量出口印度、中国等国家。

苏-27 战斗机主要为单人座舱，采用全金属半硬壳式机身，大量应用铝合金和钛合金，机头略向下垂，采用翼身融合体技术，传统三梁式机翼，悬臂式中单翼，翼根外有光滑弯曲前伸的边条翼，双垂尾正常式布局，楔形进气道位于翼身融合体的前下方。

（四）苏联米格-29战斗机

米格-29是苏联20世纪70年代开始研制的新一代超音速全天候、高性能、多用途、单座双发战斗机。该机由米高扬·格列维奇飞机设计局设计，由高尔基等多家飞机制造厂生产，北约绰号"支点"（Fulcrum），主要用于夺取空中制空权，同时也可担负对地攻击任务。

该机共有米格-29A（预备量产型）、米格-29B（出口华约组织）、米格-29UB（双座教练机）、米格-29C（可挂载4吨弹药与大型翼下副油箱）、米格-29SM（可挂载多种空对地导弹与激光制导炸弹）、米格-29M（战斗轰炸机型）、米格-29K（舰载机型，后取消）等多种型号。除装备独联体国家外，还大量出口伊朗、伊拉克、马来西亚、缅甸、叙利亚、北朝鲜等国家。

1972年，苏军向米高扬设计局提出需求，要求研制一种新型轻型战斗机用于替代米格-21和米格-23。要求中明确，新型战斗机不仅能够有效担负空中格斗任务，还要能够进行护航和地面攻击。最初，米高扬设计局内部称之为"9号方案"，最终命名为"米格-29"。

1974年，正式设计工作全面启动。1977年10月6日，首架原型机进行试飞。1978年6月，第二架原型机首飞。1981年4月28日，3号原型机（米格-29UB）首飞。1982年投入批量生产。1983年开始装备部队。但初期生产、试飞和改进工作一直延续到1985年。1986年，首批出口型号开始交付。

经典空战武器装备

该机机身内部油箱容量4365升，机腹可携带1个1500升副油箱、两翼下方可分别携带1个1150升副油箱，部分米格–29在机身左侧还加装有1套空中加油设备；最大飞行速度2823千米/小时，航程1500千米（不带副油箱）、2900千米（带3个副油箱），起飞滑跑距离250米，着陆滑跑距离600米。

米格–29装备有1个由雷达、红外和可见光系统组成的综合火控系统，以及主动雷达干扰机、雷达警告接收机、箔条（曳光）诱饵弹投放器（120发诱饵弹）。该机装备有1门30毫米航炮，备弹150发，后期型号减至100发；两侧机翼下各有3个武器外挂点，最大外挂重3500千克，可携带俄罗斯AA–8、AA–9、AA–10、AA–11等各种空对空导弹和空对地导弹，标准配置包括4枚AA–8或AA–11近程空对空导弹和2枚AA–10中远程空对空导弹，还可挂各种炸弹以及57毫米、80毫米、240毫米火箭等。

主要参数			
机　长	17.37米（含空速管）	飞行速度	2400千米/小时
翼　展	11.4米	最大航程	2100千米
机　高	4.73米	实用升限	18000米
乘　员	1人	爬升率	330米/秒
空　重	11000千克	武器装备	1门30毫米航炮，6个外挂架（最大载弹量3000千克）
起飞重量	20000千克（最大）		

米格–29

（五）法国幻影-2000战斗机

幻影-2000战斗机是法国幻影战斗机的主力机型，该机由法国达索公司研制，主要用于空中拦截和夺取制空权，也可遂行对地攻击、近距空中支援和侦察等任务。该机载弹种类多、数量大、火力强，总体作战效能与F-16和米格-29大体相当。

该机共有C(防空截击型)、B(双座教练型)、N(双座低空突防型)、D(双座攻击型)及2000-5(单/双座出口改进型)等型号。其中，幻影-2000C是最早服役的量产型飞机。该机于1982年11月20日首飞，1983年交付法国空军，1984年2月初步形成战斗力。初期装备RDM多功能多普勒雷达，1986年换装为RDI脉冲多普勒雷达。共生产124架。

幻影-2000N于1983年首试飞，可携带核弹头和对地攻击导弹，主要执行核轰炸及对地攻击任务。幻影-2000D由幻影-2000N发展而来，不携带空对地核导弹，作为战斗轰炸机使用，其中印度定购18架。

幻影-2000-5主要用于出口，其中台湾空军订购60架(已坠毁3架)，卡塔尔订购12架。该机为多用途战斗机，可以担负空中拦截、制空、远距突防、战场遮断、对地攻击和近距空中支援、对海攻击等任务。

幻影-2000采用无尾三角翼气动布局，机身为全金属半硬壳式结构，大量采用碳纤维和硼纤维复合材料，具有超音速阻力小、结构重量轻、刚性好、

经典空战武器装备

大迎角时抖振小、机翼载荷低和内部空间大以及储油多等优点。另外，在水泡形座舱盖前有1个空中加油用的受油管。

该机装有 RDM 或 RDI 多普勒雷达、地形跟踪雷达、惯性导航系统、自动驾驶仪、中央数字计算机、平视和下视显视器、敌我识别装置、自动综合电子对抗系统等。其中 RDI 雷达的迎头作用距离 120 千米，尾追作用距离 50 千米；自动驾驶仪可在低空 61 米自动飞行。

幻影-2000 装有 2 门 30 毫米航炮，备弹 2×125 发，射速 1100 发/分钟；机上共有 9 个外挂架，挂弹重量 4500～6300 千克。其中左右机翼下方各有 2 个，每个内侧挂架的最大挂载能力 1800 千克，每个外侧挂架的最大挂载能力 250 千克；机身下方有 5 个挂架，中央挂架的最大挂载能力 1800 千克，前、后两侧的 4 个挂架的最大挂载能力 350 千克。外挂的主要武器包括 R550 "魔术" 2 空对空导弹、BGL1000 激光制导炸弹、ARMAT 反雷达导弹、APACHE 空地巡航导弹、AM39 "飞鱼" 空舰导弹等。

法国空军幻影-2000C 战斗机

主要参数（幻影-2000C）			
机　　长	14.36米	飞行速度	2530千米/小时
翼　　展	9.13米	最大航程	3335千米
机　　高	5.20米	实用升限	17060千米
乘　　员	1人	爬升率	285米/秒
空　　重	7500千克	武器装备	2门30毫米航炮，9个外挂架（可选挂12枚超530和2枚R550空对空导弹，或多种空对地导弹、火箭弹及炸弹等，最大外挂重量6300千克）
起飞重量	17000千克（最大）		

经典空战武器装备

（六）瑞典 JAS-39 战斗机

JAS-39 战斗机，绰号"鹰狮"（Gripen），也有的译作"狮鹫"。该机由瑞典航空航天工业集团研制，用来替换瑞典空军的萨伯 37"雷电"式战斗机，主要担负空中拦截、对地攻击、侦察等任务。

瑞典是一个中立国家，第二次世界大战结束以后，瑞典一直坚持自主研发战斗机。1981 年 7 月，瑞典航空航天工业集团向瑞典空军提出发展新型战斗机的计划。1982 年 4 月，命名为 JAS-39"鹰狮"战斗机。

该机共有 JAS-39A、JAS-39B、JAS-39C、JAS-39D 和 JAS-39Demo 等多种型号。1987 年 4 月 26 日，首架原型机出厂，1988 年 12 月 9 日首次试飞成功。1993 年 3 月 4 日，首架量产型"鹰狮"首次试飞。1993 年年底，第一个 JAS-39 中队初具作战能力。1995 年年底，JAS-39 研制工作全部完成。其中 A、C 型为单座，B、D 型为双座，C、D 型主要用于出口，JAS-39Demo 为 C、D 型的最新改进型，2008 年 5 月 27 日首飞成功。

JAS-39 与同时代研发的战斗机相比，虽然重量最轻、尺寸最小，但总体外形简洁流畅，操控性、机动性、隐身性、载弹量等毫不逊色。该机应用

瑞典空军JAS-39B战斗机

主要参数（JAS-39C）			
机　　长	14.1米	飞行速度	2204千米/小时
翼　　展	8.4米	最大航程	3200千米
机　　高	4.5米	实用升限	15240米
乘　　员	1人	武器装备	1门27毫米航炮，8个外挂架
空　　重	6800千克		
起飞重量	14000千克（最大）		

经典空战武器装备

当代流行的翼身融合体技术,采用单发单垂尾、近耦合鸭式气动布局,主翼为切尖三角翼,全动前翼位于矩形进气道的两侧,无水平尾翼,机身后部为悬臂式大面积单垂尾。为了提高飞机的隐身性能,JAS-39的机翼、进气道、起落架舱门等完全由复合材料制成,复合材料占整机结构重量的30%。

JAS-39装有瑞典生产的PS-05/A脉冲多普勒雷达、中央计算机、1553B数据总线、激光惯性导航系统、雷达高度表、EPI7座舱电子显示系统等电子设备。其中,PS-05/A雷达具有远距离搜索、多目标跟踪、短距离广角跟踪搜索、下视下射、对海对陆搜索跟踪及地形测绘等能力,可同时跟踪多个目标,并攻击最危险的3个。

瑞典国土面积不大、纵深较小,且山地较多、植被较密,公路直线距离较短、路面较窄,标准路段只有800米长、9～17米宽,为了提高飞机的作战能力和生存能力,许多公路两侧均建有飞机油库和飞机维修设施。为适应这一特点,JAS-39的最大起降距离均控制在800米以内,具有良好的公路起降能力。

JAS-39装有1门"毛瑟"BK27型27毫米机关炮,备弹120发;共有7个外挂点(C、D型为8个,其中两翼下方各3个,机身下方2个),最大载弹量5.3吨,可挂载AIM-9近距空中格斗导弹、AIM-120中距空对空导弹、各型空对地导弹、炸弹、火箭弹、侦察吊舱、副油箱以及瑞典本国研制的RB-75、"萨伯"RBS-15F空对舰导弹等。

（七）美国 F-4 战斗机

F-4 战斗机，绰号"鬼怪"（Phantom）。该机是麦克唐纳·道格拉斯公司为海军研制的双座双发舰队重型防空战斗机，后来大量装备美国空军，曾参加过越南战争和中东战争，也曾经是美国空军"雷鸟"飞行表演队的表演用机。该机不但空战性能好，对地攻击能力也很强，是美国空、海军20世纪60、70年代的主力战机。

"鬼怪"式战斗机的研制工作始于1953年8月，1956年开始设计，1956年12月31日完成最终设计，1958年5月27日第一架原型机试飞，1961年10月开始交付美国海军使用，1963年11月开始装备美国空军。

该机共有 A、B、C、D、E、J 等多种型号，除装备美军外，还出口德国、日本、韩国、以色列、伊朗、西班牙等国家和地区。其中，F-4A 为舰载舰队防空战斗机，没有安装航炮，携带 4 枚"麻雀"空空导弹。F-4B 为海军和海军陆战队使用的基本型全天候战斗机，与 A 型一样主要用于防空和空战，也没有装备航炮。

F-4C 是由 B 型改进的空军用战术战斗机，翼下挂架可以挂各种炸弹和火箭弹发射器。F-4D 为 C 型的改进型，加强了对地攻击能力，用来代替 F-105D，部分飞机可携带空对地导弹、制导炸弹和反辐射导弹。

F-4E 为 D 型的多用途改进型，是 F-4 战斗机系列中生产数量最多的一款，主要作为制空战斗机，并兼顾对地攻击任务，外部挂架数量保持不变，前机身内增加了 1 门固定式 20 毫米 M61 "火神" 6 管航炮。

该机采用悬臂式下单翼，全动式整体平尾，机翼为全金属结构，外翼可折叠（海军型），机头相对下垂，采用串列式座舱布局，装有两套操纵系统，安装有弹射座椅，装有 2 台加力式涡轮喷气发动机，机内总载油量 7022 升，腹下可挂 1 个 2273 升副油箱，翼下可挂 1 对 1400 升副油箱，安装有可进行 "伙伴" 式空中加油的装置。

机上装有中央大气数据计算机、通信导航识别系统、计数器加速表、雷达高度表、全高度轰炸系统、导航计算机、惯性导航系统、武器投放系统、光学瞄准具、雷达寻的和警戒系统、自动火力控制系统、火控雷达、备用姿态参考系统等电子光学设备。

该机装有 1 门 M61 式 6 管加特林机关炮；共有 9 个外部挂架，最大外挂重量 8480 千克。其中，机身下方共有 4 个空空导弹挂架，每个可挂 1 枚 "麻雀" 导弹，机身后方 2 个挂架也可各挂 2 枚 "响尾蛇" 空空导弹；机腹挂架可吊挂核武器、炸弹、炮舱或 1 个 2273 升副油箱；机翼下方内侧挂架可以挂 1 枚 "麻雀" 导弹或 2 枚 "响尾蛇" 导弹；机翼下方外侧挂架可挂 1 个 1400 升副油箱或各种炸弹。

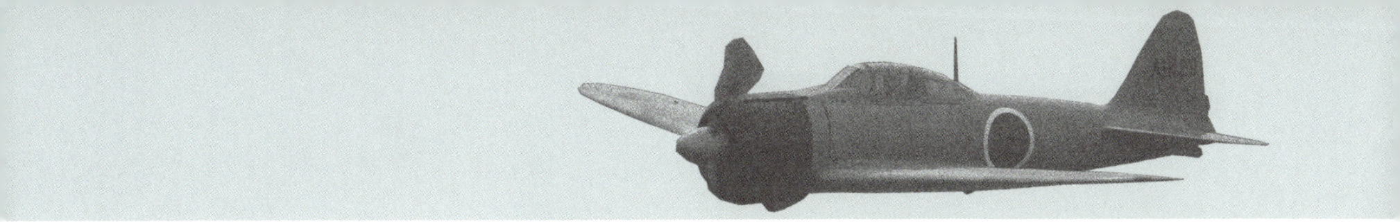

主要参数（F-4E）			
机　　长	19.2 米	飞行速度	2370 千米/小时
翼　　展	11.7 米	爬　升　率	210 米/秒
机　　高	5.0 米	最大航程	2600 千米
乘　　员	2 人	实用升限	18300 米
空　　重	13757 千克	武器装备	1 门 20 毫米 6 管机关炮，9 个外挂架
起飞重量	28030 千克（最大）		

美国 F-4E 战斗机

（八）美国F-16战斗机

F-16战斗机，绰号"战隼"（Fighting Falcon），是美国空军现役的主力战机之一。该机由通用动力公司研制，1992年12月将生产线卖给了洛克希德·马丁公司。作为单发单座轻型战斗机，F-16与F-15战斗机形成高低配置，主要用于空中格斗，也可担负近距空中支援、地面攻击、侦察等多种任务，并于1982年被美国雷鸟飞行表演队选为表演用机。

20世纪70年代初，美国空军开始装备F-15战斗机，但是由于该机价格太高，当时单机造价4000万美元，美国空军决定研制一种轻型战斗机作为F-15的辅助机种。1974年2月，按照美国空军的计划，由通用公司和诺斯罗普公司生产的两架原型机进行了空中试验。1975年1月，美国空军宣布，由于造价较低（2000万美元）、发动机与F-15可以互换等优点，通用公司最终在竞争中获胜，取得了生产权。

F-16共有A、B、C、D四个基本型号，衍生型号包括E、I、N、R、XL、ADF、AFTI/F-16、F-16/J79、NF-16D等13个型号。其中，A型为基本型，B型为双座战斗（教练）型，两者均为空中格斗战斗机；C型为A型的改进型，D型为B型的改进型，两者具有对地攻击能力。

美国空军 F16C 战斗机

主要参数（F-16A）			
机 长	15.09 米	飞行速度	2483 千米/小时
翼 展	9.45 米	实用升限	15240 米
机 高	5.09 米	爬升率	254 米/秒
乘 员	1 人	最大航程	3890 千米
空 重	7070 千克	武器装备	1 门 20 毫米航炮，9 个外挂点
起飞重量	16507 千克（最大）		

第一章 战斗机

经典空战武器装备

　　F-16A 是第一种生产型，为单座战斗机；1976 年 12 月首次试飞；1979 年 1 月 6 日交付使用；1985 年 3 月，美国空军定购的 F-16A 全部交付完毕。F-16B 与 F-16A 基本相同，是由 F-16A 发展而来的双座战斗（教练）机，并与 F-16A 按 1∶2 的比例装备部队。

　　F-16C/D 是经过整体规划、改进设计的全新型号，是 F-16 战斗机的主要机型，战斗性能较之 F-16A/B 大幅提高。其中，F-16C 由 F-16A 改进而成，也为单座轻型战斗机，1982 年 12 月首飞，1984 年 7 月交付使用。F-16D 与 F-16C 基本相同，为双座战斗（教练）机，1983 年首飞，1984 年 9 月交付使用。

　　F-16 采用三角翼加平尾、单垂尾气动布局；首次采用翼身融合设计，机翼机身结合处平滑过渡，融为一体，飞行阻力小，雷达反射面积小；采用气泡式座舱盖，飞行员的视野十分开阔；装备 1 台涡扇发动机，加速性能好、起降距离短、爬升速度快。

　　该机电子设备性能优良，装有第三代战斗机才具备的脉冲多普勒雷达，以及惯性导航系统、多功能显示器、GPS 系统、计算机火控系统等机载电子设备。飞机共有 9 个武器外挂点，最大载弹量 6800 千克，可携带 AIM-7"麻雀"空对空导弹、AIM-9"响尾蛇"空对空导弹、AIM-120 中距空对空导弹、AGM-65"小牛"空对地导弹、反辐射导弹和各种炸弹等。此外，还装有 1 门 20 毫米 M61"火神"6 管机关炮，备弹 515 发，射速 3000 发/分，有效射程 1000 米。

（九）美国 F-22 战斗机

F-22 战斗机，绰号"猛禽"（Raptor），是美国目前最先进的重型隐形战斗机。该机由美国洛克希德·马丁公司和波音公司联合研制，主要用于替换美国空军现役的 F-15 战斗机，并使之成为美国空军 21 世纪初的主力制空战斗机，并肩负对地攻击双重任务。

为了保持对苏 -27 战斗机的优势，美国空军于 20 世纪 70 年代末期提出发展新型战斗机的计划。1986 年 10 月，洛克希德公司和诺斯罗普·格鲁门公司分别推出 YF-22 战斗机和 YF-23 战斗机，并按军方的要求进行为期 50 个月的示范（验证）。

1990 年 6 月和 9 月，YF-23 和 YF-22 先后开始试飞。1991 年 4 月，经过激烈的竞争，YF-22 原型机最终胜出。1991 年 8 月，洛克希德公司取得了合同，正式开始了制造工作。1997 年 9 月 7 日，F-22 进行了首飞。2003 年 1 月 14 日，首批 F-22 交付美国空军。2005 年 12 月形成初步作战能力。

该机采用翼身融合设计，机身为传统的半硬壳式结构，机翼采用三梁式结构，整机大量应用了石英纤维、玻璃纤维、芳纶纤维等复合材料；采用 V 形倾斜双垂尾和 S 形进气道，垂尾向外倾斜 27°，两侧进气口和喷嘴均采用了抑制红外辐射的隐形设计；全部武器均隐蔽地挂在 4 个内部弹舱之中。雷达反射截面积约为 0.1 平方米，生存能力比目前的常规飞机提高 18 倍，

经典空战武器装备

作战效能是F-15战斗机的3倍。

该机装有中央数据综合处理系统,综合通信、导航和识别系统,综合电子战系统,光电传感器系统,惯性导航系统等电子设备和1部AN/APG-77有源相控阵雷达。其中,AN/APG-77具有空对空、空对地和空对海模式,最大作用距离160英里(257千米),多目标跟踪时最大距离120英里(193千米),可同时跟踪30个空中目标或16个地面目标。

AN/APG-77与机上装备的综合电子战系统中的ALR-94雷达告警接收机可以配合使用,ALR-94的探测距离超过460千米,可在185千米以上距离为AN/APG-77雷达提供精确的目标方位指示。

F-22不仅能够与预警机、卫星系统、友机等交流各自搜索、侦察到的战场信息,而且还可以通过飞行数据链直接获取其他F-22主动雷达探测到的实时信息,从而不需开启自己的雷达即可发动超视距攻击。

该机装备1门20毫米M61A2火神式6管机炮,备弹480发;机身内部共有4个挂架,最大载弹量2270千克,可携带6枚AIM-120中程空对空导弹或2枚AIM-9"响尾蛇"近距空对空导弹或2枚AIM-132近距空空导弹,或者2枚AIM-120、2枚AIM-9或AIM-132,再加上2枚GBU-32联合直接攻击弹药或2枚风偏修正弹药洒布器或8枚GBU-39小直径炸弹。

美国 F-22 战斗机

主要参数	
机　　长	18.90 米
翼　　展	13.56 米
机　　高	5.08 米
乘　　员	1 人
空　　重	19700 千克
起飞重量	38000 千克（最大）
飞行速度	2410 千米 / 小时
实用升限	19812 米
最大航程	2960 千米
武器装备	1 门 20 毫米 M61A2 火神式机关炮，4 个外挂点

第一章　战斗机

经典空战武器装备

（十）美国 F-35 战斗机

F-35 战斗机，绰号"闪电Ⅱ"（Lightning Ⅱ），是美国目前最先进的单座单发多功能轻型隐形战斗机。该机由美国洛克希德·马丁公司设计生产，可与 F-22 配合使用，主要用于前线支援、目标轰炸、防空截击等多种任务。

F-35 战斗机源于 1993 年美国国防部启动的"联合先进攻击技术"JASF 验证机计划，用以取代美国空军的 F-15E、F-16、F-15C、F-117、海军的 F-14 和 F/A-18、海军陆战队的 AV-8B 等机种。该计划于 1996 年 3 月正式更名为"联合攻击战斗机"JSF。

为了适应多军种的需求，F-35 共有传统跑道起降的 F-35A、短距（垂直）起降的 F-35B、航母舰载机的 F-35C 三个版本。其中，首架 F-35A（编号 AA-1）于 2006 年 12 月 15 日首次试飞；首架短距起降型 F-35B（编号 BF-1）于 2008 年 6 月 11 日进行第一次试飞；首架海军舰载型 F-35C 于 2010 年 6 月 6 日进行第一次飞行。2013 年 6 月，首架 F-35C 交付美海军第 101 战

主要参数（F-35A）			
机　长	15.67 米	飞行速度	1930 千米 / 小时
翼　展	10.67 米	实用升限	15240 米
机　高	4.33 米	最大航程	2220 千米
乘　员	1 人	武器装备	1 门 25 毫米 4 管航炮，2 个内置弹舱，6 个外挂点
空　重	13199 千克		
起飞重量	31800 千克（最大）		

美国 F-35A 战斗机

经典空战武器装备

斗机中队。

该机在设计过程中充分利用计算机技术，进行大量的建模与仿真工作，对气动布局、低可探测、结构材料、综合控制等多方面进行了全面优化。在隐身设计上，F-35借鉴了F-22的很多低可探测技术和经验，从外形上看该机甚至就是缩小版的F-22。

F-35采用全新的数字化座舱设计，传统的仪表盘和各种仪表被一块大型的彩色数字触摸屏所取代。机上装有诺思罗普·格鲁曼公司的AN/APG-81有源相控阵雷达和光电分布式孔径系统、英国宇航系统公司的综合电子战系统、洛克希德·马丁公司的光电瞄准系统4大关键机载电子系统。

其中，光电分布式孔径系统由分布在F-35机身上的6套光电探测装置组成，图像投射到头盔面罩上，飞行员可通过自己的眼睛实现360°环视。光电瞄准系统具有高分辨率成像、自动跟踪、红外搜索和跟踪、激光指示、测距和激光点跟踪功能，可以在防区外距离上对目标进行精确探测和识别。

该机装备1门25毫米机关炮，战斗射速4100发/分，其中F-35A采用内置方式，配弹180发；F-35B/C采用吊舱外置方式，配弹220发。该机设有2个内部武器舱，其中F-35 A/C的每个武器舱可挂载1枚908千克制导炸弹和1枚空对空导弹，F-35B可挂载1枚454千克制导炸弹和1枚空对空导弹。此外，该机翼下还有6个外挂点，最大挂载能力6800千克，当不使用机炮时，F-35A/C的机炮位置上可换装为1个外部挂点，从而外挂点数量增加到7个。

三、战斗机背后的故事

经典空战武器装备

米格走廊

米格走廊（MiG Alley），指的是朝鲜民主主义人民共和国西北部鸭绿江入黄海口附近区域。朝鲜战争期间，苏制米格-15战斗机多次与美军的战斗机发生空战，对美军的飞机构成了严重的威胁，为此，美军将朝鲜西部的清川江和鸭绿江之间的米格战斗机经常出现的空域称为"米格走廊"，并标为"黑色禁区"。

米格-15由苏联米高扬·格列维奇飞机设计局设计，是苏联第一代喷气式战斗机的代表。

1950年10月19日，中国人民志愿军应朝鲜民主主义人民共和国的请求进入朝鲜。入朝初期的志愿军全部是陆军部队。由于没有空军，战场上的制空权完全落入联合国军手里，志愿军部队和交通补给线经常遭到美军的狂轰滥炸，人员、物资、装备损失巨大。

1950年10月，当志愿军入朝的时候，以美国为首的"联合国军"在朝鲜战场上共有14个飞行联（大）队，装备有F-51、F-80、F-84、F-86战斗机以及B-26、B-29轰炸机，共计1100架。美军的飞行员都有数百小时的飞行经验，最多的甚至达到3000多小时，而且1/2以上的飞行员都参加过第二次世界大战。

与美国空军相比，朝鲜战争爆发时，中国空军只有2个歼击航空师、1个轰炸机团、1个强击团，飞机总数不到200架。而且1950年8月才开始换装苏制米格-15战斗机，训练时间不到两个月，飞行员飞行喷气式战斗机的平均时间只有22个小时。从客观上讲，此时，中国空军不宜入朝作战。但是，面对朝鲜战场上的严峻形势，中国军委决定志愿军空军必须迅速开赴前线，在战争中边打边建、在战争中边打边练。

1950年11月30日，朱德总司令和空军刘亚楼司令员乘坐伊尔-14飞机到达

辽宁省辽阳机场,为即将出征的空4师举行送行仪式。空4师是解放军刚组建的8个空军师中成立最早、基础较好的一支部队。该师已经开始了中队、大队级的编队飞行训练,其中4师10团是解放军空军第一个换装喷气式战斗机的飞行团。

1950年12月21日,空4师10团第28大队在师长方子翼、政委李世安的带领下,率先到达安东(今丹东)浪头机场,进行参战前的临战训练,并与驻扎在该机场的苏联空军进行协同作战。

1951年1月21日下午,美国空军派出20架F-84战斗轰炸机轰炸朝鲜平壤至安州铁路线,企图阻止志愿军后勤供应。在大队长李汉的带领下,空4师10团第28大队4架飞机立即升空迎战。李汉驾机迂回至美军飞机400米处时,很快瞄准美军的长机开炮射击,将其击伤,这是志愿军首次击伤美军飞机。

1月29日下午1时左右,一批美机在定州、安州上空盘旋,企图袭击安州火车站和清川江大桥。大队长李汉再次受命,率领8架飞机迅速飞向战区。1时40分,编队飞临定州以西上空,发现左前方有一批美军飞机在活动。

志愿军飞机没有贸然直接攻击,而是利用阳光隐蔽,迅速迂回至美机后方,占据高度优势,仔细观察。美军的16架F-84飞机,分为上下两层,每层8架,都是4架在前,4架在后,正在寻找地面攻击的目标。

李汉决定乘其不备,攻击上层的8架飞机。当美军飞机活动到志愿军机群右下方时,李汉果断发出命令:"2中队掩护,1中队攻击!"随即率领1中队右转下降高度,向上层的8架美军飞机猛冲过去。

美军飞机在惊慌之中分成两个4机编队向左右转弯摆脱,李汉紧跟着左转的4架飞机也作了一个急转弯,并顺势咬住1架飞机,近至300米时按动炮钮,三炮齐射,当即将其击落。位于下层的8架美机企图反扑,担任掩护的2中队,以猛烈的炮火将其驱散。此战,志愿军共击落美军飞机1架、击伤1架,创造了志愿军空军首次击落美机的纪录。

经典空战武器装备

为了彻底粉碎美军的空中"绞杀战",从1951年9月中旬开始,志愿军也开始增加战斗机每日出动的次数和架次。

10月23日中午,美军出动36批共116架飞机,企图袭击清川江一带的地面目标。志愿军空3师7团的24架米格战斗机奉命出击。大队长刘玉堤向海面上逃窜的F-84战斗轰炸机追去,共击落敌机2架、击伤1架。此战,空3师7团共击落7架F-84、击伤1架,志愿军飞机1架负轻伤。

1951年11月18日下午2点50分,美军9批184架F-84战斗轰炸机和F-86战斗机来犯。空3师飞行大队长王海接到命令后,带领6架战机向敌机冲去,一阵猛追猛打过后,击落敌机5架,取得了零伤亡的战绩。在整个朝鲜空战中,王海共击落敌机4架、击伤5架,成为志愿军空军的王牌飞行员,他那架编号为"2249"的米格-15战斗机,至今还陈列在军事博物馆里,机身涂有9颗闪闪的红星。

为了摧毁年轻的中国人民志愿军空军,1951年秋至1952年春,美国空军从国内选调一批参加过第二次世界大战的校级、"王牌飞行员"到朝鲜作战。期间,志愿军空军也陆续增调战斗机部队参战。

1952年2月10日,吃过早饭后,空4师12团3大队大队长张积慧和他的僚机单志玉进入座舱,驾机迅速升空。正当他们全神贯注,巡视着天空的时候,张积慧突然发现右后方有一个小黑点在移动,向他们凶狠地冲来,这可是美军当时最先进的F-86战斗机。

F-86绰号"佩刀",是第二次世界大战后美国设计的第一代喷气式战斗机。该机由北美航空公司研制,1947年10月1日首飞,1949年5月服役,是美国早期设计最为成功的喷气式战斗机代表作。该机机身长11.4米,翼展11.3米,机高4.6米,空重4582千克,战斗重量6300千克,装备1台J-47涡轮喷气发动机,装备有6挺12.7毫米机枪,可携带900千克炸弹以及8枚127毫米火箭。

此时,敌机8架,而自己只有2架战机。面对优势的敌人,张积慧指挥僚机一起急速上升,首先抢占了高度优势,立即向左转,又急速向右一转。张积慧的这一

招大大出乎美军驾驶员的意料,就在敌机向下俯冲时,张积慧和他的僚机缠住了为首的敌机,随着一排炮弹射出,敌机拖着浓烟掉了下去。

当另一敌机向太阳方向垂直上升,企图利用阳光进行掩护的时候,张积慧向敌机猛烈射击,那一架飞机瞬间变成了一团烟火,向地面坠落下去。在不到1分钟的时间内,张积慧在僚机的紧密配合下,共击落美机2架。

空战结束后,志愿军地面部队从熊熊燃烧的美机残骸中找到一枚驾驶员的不锈钢证章,上面刻着:第4联队第334中队中队长G·A·戴维斯少校。戴维斯有着3000小时以上的飞行经历,被美国方面称为"百战不殆"、"特别勇敢善战"的"空中英雄"。

戴维斯之死在美国引起了轩然大波。他的妻子向美国当局提出抗议,美国国会议员、共和党头号人物勃里奇还因此在国会上大发雷霆,说这个战争是美国历史上最为绝望的战争。远东空军司令员韦兰在1952年2月13日发表一项特别声明:哀叹戴维斯之死是一个悲惨的损失,是对远东空军的一大打击,给在朝鲜的美国喷气机飞行员带来一片黯淡的气氛。时任美国空军参谋长的范登堡惊呼:"中国共产党几乎一夜之间就成了空军强国之一。"

第二章 轰炸机

一、轰炸机概述

轰炸机，是指携带武器攻击地面、水面或者是水下目标的军用飞机，英文名称 Bomber，主要担负摧毁、破坏敌方政治、经济中心和重要工业目标，参加夺取制空权、制海权的斗争，支援地面、舰艇、空降部队作战，实施航空侦察和电子干扰，以及实施核打击、核威慑任务。

轰炸机具有突击力强、航程远、载弹量大等特点，携带有炸弹、空对地导弹、巡航导弹、鱼雷等对地（面）攻击武器，机上装有航炮、机枪等防御武器，安装有自动驾驶仪、地形跟踪雷达、领航设备、电子干扰系统和全向警戒雷达等，是空战场上的一个主力机种。

（一）轰炸机的历史

飞机发明之后，很快用于战争之中，但主要执行的是侦察任务。1911年11月1日，意大利飞行员朱里奥·加沃蒂少尉驾驶"鸽"式飞机，在北非战场上向土耳其军队阵地投下了4枚各重2千克的炸弹。虽然此次空袭并没有造成很大伤亡，但却成为了人类历史上第一次通过飞机进行空袭的行动，并对土耳其军队产生了很大的心理震撼效果。

这一时期，各国军队中并没有专门的轰炸机。轰炸任务大都由经过改装的侦察机完成，炸弹或炮弹垂直悬挂在驾驶舱两侧，当飞机接近目标时，飞行员用手将炸弹取下，然后向目标投去。

1913年3月15日，俄国人伊格尔·西科尔斯基研制的世界上第一架重型轰炸机首飞，俄国人将其命名为"伊里亚·穆罗梅茨"。该机是一种双翼机，机长17.5米，翼展29.8米，装有4台150马力水冷发动机，最大速度121千米/小时，装有3~5挺机枪，机身内可挂载400千克航空炸弹，超载时可达800千克。机上装有驾驶和领航仪表以及轰炸瞄准具，并且首次采用了电动投弹器，被史学界公认为当时大型飞机之最。1914~1918年，俄国共制造73架"伊里亚·穆罗梅茨"式轰炸机，其中有一部分为双发动机，还有一部分飞机安装了浮筒，成为水上重型轰炸机。

德国哥塔 G 系列重型轰炸机

1914 年 12 月 10 日，俄罗斯最高当局决定组建"飞船大队"（即飞机大队），将仅有的 4 架"伊里亚·穆罗梅茨"轰炸机全部投入作战使用，并同时任命波罗的海车辆工厂厂长 M.B·希德洛夫斯基为现役少将，主管"飞船大队"的各项工作。因此，"飞船大队"也是世界上第一支重型轰炸机部队。

1915 年 2 月 15 日，1 架"伊里亚·穆罗梅茨"轰炸机首次发动对德国本土的空袭，投掷炸弹 272 千克，从此拉开了重型轰炸机参战的序幕。

与俄国人的"伊里亚·穆罗梅茨"轰炸机相比，德国的"齐柏林"飞艇简直就是小巫见大巫。1916 年冬至 1917 年 4 月，德国决定使用"哥塔"G Ⅳ 型轰炸机代替飞艇实施轰炸。1917 年 5 月 25 日，23 架"哥塔"轰炸机首次空袭了英国本土,每架飞机扔下了四、五百千克的炸弹,史称"第一次不列颠之战"。

第一次世界大战后期,一些双翼布局木质结构的大型轰炸机问世,最多的已能一次载弹1～2吨。第一次世界大战结束后,轻型轰炸机、中型轰炸机、重型轰炸机竞相发展,从双翼布局逐渐过渡到单翼形式,发动机技术日趋完善,机上普遍装有领航及瞄准设备。

第二次世界大战时,轰炸机已成为各交战国的主要航空武器,各种性能优异、打击能力强的轰炸机相继问世,并投入到战争之中。如美国的B-10马丁轰炸机、B-17"空中堡垒"、B-29"超级堡垒",英国的兰卡斯特,苏联的TB-3,等等,其中德国的Fw 200"兀鹰式"轰炸机在大西洋海战中表现出色,重创英国运输船,导致英军资源匮乏,无法与德军作战,英国首相温斯顿·丘吉尔称其为"大西洋的祸害"。

第二次世界大战期间,轰炸机广泛用于对各种目标的袭击和破坏。英国曾对德国进行了为期5年的战略轰炸。其中,在1942年5月30日对科隆的空袭时一次动用飞机1046架,投弹2000多吨。1943年8月17日,又对德国的火箭研制单位进行了空袭,使其推迟了导弹的实战应用。

1943年卡萨布兰卡会议后,美英两国分别在白昼和夜间对德国本土实施空袭,英美平均每天各派出800架和300架轰炸机执行任务,1944年中期,美国轰炸机几乎每天出动1000架。战争期间,美国陆军航空兵(相当于空军)在西欧的兵力主要用于战略轰炸和支援地面作战。1944年6月,美军更是抽调了一部分中型轰炸机加入到对前线地面目标的打击,用于直接支援步兵

英国 B.MK IV "蚊"式轰炸机

的反攻。

1941年12月到1945年8月,同盟国飞机总投弹量为2057244吨,其中对德、意投弹1554463吨,对日投弹502781吨。1941年6月到1945年5月,苏联空军共投入轰炸机近18000多架,共投弹30450000枚,重660000吨。

第二次世界大战后,轰炸机开始从以活塞发动机为动力向以喷气发动机为动力转变,飞行速度不断加快,机上开始装备大量的导航、制导等电子设备,携带武器的种类也日益多样。20世纪50~60年代,由于受导弹制胜论的影响,有人驾驶轰炸机的发展受到了一定的影响。

越南战争期间，美军派出大量轰炸机实施空袭和破坏活动。据统计，从1965年到1973年，仅B-52重型轰炸机一个机种就出动过126615架次，其中有124532架次成功地将炸弹投向目标。通过对越南北方进行的377908架次轰炸，使北方支援南方的战争物资被阻滞高达5/6。在战斗最激烈的1968年一年中，美军共出动各种轰炸机840117架次，共投弹105.9万吨，直接用于支援地面战斗。

20世纪60年代以后，随着地面防空能力的增强，战术轰炸机的生存环境日益恶化，战术轰炸机逐渐被战斗轰炸机和攻击机取代。20世纪60年代末，为了保持有效核威慑手段，一些国家开始建立战略导弹、导弹核潜艇和战略轰炸机三位一体的战略核威慑力量，许多轰炸机不仅能执行常规轰炸任务，还可以携带核武器。

随着导弹技术和计算机技术的发展，轰炸机开始装备各种先进的导航设备、定位设备、制导设备，特别是精确制导弹药。如美国的B-1轰炸机装有先进的自动导航系统、地形跟踪系统和电子对抗设备，攻击武器主要为空对地导弹和巡航导弹。

（二）轰炸机的分类

一是按载弹量区分，主要有轻型轰炸机、中型轰炸机和重型轰炸机三种类型。其中，轻型轰炸机通常携带炸弹3～5吨，中型轰炸机5～10吨，重型轰炸机10～30吨。

俄罗斯图-160战略轰炸机

美国B-10马丁轰炸机

二是按航程区分,主要有近程轰炸机、中程轰炸机、远程轰炸机。其中,近程轰炸机的航程通常为 3000 千米以下,中程轰炸机为 3000～8000 千米,远程轰炸机为 8000 千米以上。

三是按使用目的区分,主要有战略轰炸机和战术轰炸机。其中,战略轰炸机一般是指用来执行战略任务的中、远程轰炸机。战略轰炸机既能够携带核弹,也能携带常规炸弹;既可以近距离投放核炸弹,又可远距离发射巡航导弹;既可做战略进攻武器使用,在必要时也可执行战术轰炸任务,支援陆、海军作战。

战术轰炸机,是指体型较小的轰炸机,主要是对较小的目标进行轰炸。二战结束后,随着战斗机和攻击机体积和载弹量逐渐增大,空中加油技术不断成熟,战术轰炸机逐渐被战斗机、战斗轰炸机和攻击机所取代。

(三)轰炸机的特点

一是机身长、重量大。与战斗机、攻击机等相比,轰炸机体形较为"魁梧",战略轰炸机更是一个大块头。比如,美国 B-52 战略轰炸机长近 50 米、翼展 56.4 米、高 12.4 米、空重 83 吨、最大起飞重量达 220 吨;而 F-16 战斗机长 15.09 米、翼展 9.45 米、高 5.09 米,空重仅有 8.2 吨、最大起飞重量不到 17 吨。

二是载弹多、破坏力强。由于轰炸机主要执行轰炸任务,与战斗机、战斗轰炸机、攻击机相比,轰炸机通常携带较多的炸弹,比如 B-52 的载弹量

可达 31.5 吨。特别是一些重型轰炸机可在几秒种之内投下 100 多枚炸弹，破坏范围长达 1500 米，宽达 400 米。

三是机动性能差、防护能力弱。与战斗机、战斗轰炸机以及攻击机相比，轰炸机通常飞行速度较慢、爬升率较小，大多数轰炸机的飞行速度不超过音速，而且机上仅携带航炮、机关枪等少量的自卫武器，无法有效地抵挡空中战斗机和地面防空火力的打击。

（四）轰炸机的未来

一是隐形化。通常情况下，轰炸机体形大、目标暴露特征多，随着地面防空能力的提高，轰炸机的空中突防和战场生存问题日益突出。因此，研制具有隐身功能的轰炸机便成为了未来的一个重要发展方向。

二是弹药智能化、远程化。虽然隐形轰炸机战场生存能力强，但技术路线复杂、耗资巨大。为此，人们将关注的重点转到了轰炸机所携带的弹药上，一方面大力发展智能化弹药，提高轰炸精度，另一方面发展防区外对地攻击武器，提高轰炸机的战场生存能力。

三是无人化。为了减少人员伤亡，降低操作成本，减少飞机的体积，以及提高轰炸机的机动能力，减少被敌方侦测的概率，世界各国在继续保持和建造有人驾驶轰炸机的同时，以无人飞机取代有人轰炸机将会是未来发展的另一个趋势。

二、经典轰炸机

经典空战武器装备

（一）英国蚊式轰炸机

"蚊"式轰炸机（De Havilland Mosquito）是第二次世界大战英国装备的一种双发轰炸机，是第二次世界大战中设计最成功的飞机之一。该机由英国十分著名的飞机设计师德·哈维兰设计，由其创办的德·哈维兰飞机制造有限公司建造。

1938年，德·哈维兰公司建议英国皇家空军发展一种快速轰炸机，速度达到甚至超过战斗机，由此可不携带自卫武器，但军方认为非武装的轰炸机在战场上的生存能力很低，从而拒绝了该公司的建议。不过，德·哈维兰公司并未放弃计划，自己出资继续研制。

1940年3月1日，英国空军与德·哈维兰公司签订合同，定购50架DH.98轰炸机，正式命名为"蚊"式（Mosquito）。该机共有3架原型机，1940年11月25日，轰炸型样机试飞；1941年5月15日，夜间战斗机型试飞；1941年6月10日，照相侦察型试飞。

"蚊"式轰炸机采用平直中单翼，前缘平直，后缘前掠，备有襟翼与副翼；机头钝圆，根据

主要参数(FB.MK VI 轰炸机)			
机　长	11.10米	飞行速度	402千米/小时
翼　展	15.25米	最大航程	1000千米
机　高	3.90米	最高升限	7320米
乘　员	2人	武器装备	4门20毫米机关炮,炸弹1814千克
重　量	10433千克		

英国B.MK IV "蚊"式轰炸机

不同的用途，可集中安装多门机关炮，或改装为透明的投弹手观察窗，或架设机载雷达天线；机身平滑而修长，机尾尖细，并装有半椭圆形尾翼；机翼下设有两台发动机短舱。

该机采用模压胶合木质结构建造，享有"木制奇迹"的绰号，这在第二次世界大战期间极为罕见，这也是德·哈维兰本人的高明之处。因为，用于制造飞机的铝材在战争期间十分匮乏，而且掌握飞机金属结构制造技术的工人十分短缺，采用木质结构以后，就可以发动更多的木匠制造飞机，甚至英国的钢琴厂、橱柜厂、家具厂都可以动员起来投入生产。

该机共有侦察机、轰炸机、战斗机、战斗轰炸机、夜间战斗机、鱼雷轰炸机、照相侦察机、猎潜机、昼间巡逻机、布雷机、教练机等43种型号，其中有26种参加过第二次世界大战。为了避免被自己的地面防空火力和巡逻飞机误击，该机被漆成明显的明黄色。

其中，轰炸机共有B.MkIV、B.MkVII、B.Mk.IX、B.MkXVI、B.MkXX、B.Mk25、B.Mk35等多个型号，装备英国空军、美国陆军空军、澳大利亚空军、加拿大空军等多个国家空军。1949年10月1日，该机还参加了新中国的开国大典。

德国曾效法英国DH.98，生产过一款Ta-154"蚊"式轰炸机。该机由福克乌尔夫公司研发，是德国所研制的第二款夜间战斗机专用机型。该机虽然也采用木制结构，不过由于黏着机身的接合剂效果不好，飞机时常在空中因解体而坠毁，最终只生产了27架。

（二）英国火神轰炸机

火神轰炸机（Vulcan）是世界上第一种进入实用阶段的大型三角翼无尾中程战略轰炸机。该机由英国霍克·西德利公司（现并入英国宇航公司）研制，曾经与勇士（Valiant）、胜利者（Victor）两种轰炸机一起构成英国战略轰炸机的3大支柱，通常称为3V轰炸机。

英国是研制中程战略轰炸机最多的国家。1947年，根据英国空军的要求，汉德利·佩奇公司、英国飞机公司和霍克·西德利公司开始为军方设计胜利者、勇士、火神式轰炸机。勇士与胜利者的气动外形多少有些雷同，均采用后尾式布局、翼根部进气、高置平尾和小后掠角的主翼。

"火神"虽然也选择了翼根两侧进气方式，但采用的是无尾三角翼布局。该机共有B.Mk-1和B.Mk-2两种型号。首架原型机于1952年8月30日试飞；1953年9月3日，第二架原型机首次试飞，被正式命名为"火神"轰炸机。1955年2月，首架B.Mk-1型轰炸机制造完毕；1956年7月，开始装备部队；1959年4月，最后1架火神B.Mk-1交付部队。该机装有空中受油管，并配有新型电子对抗设备，共生产45架。

B.Mk-2在B.Mk-1的基础上进行了90多处改进，飞机的形状尺寸做了一些修改，机头部位装有空中受油管，具备携带核弹的能力，并装有地形跟踪雷达，可执行低空突防任务。此外，还有6架B.Mk-2被改装为火神K.Mk-2型空中加油机。

经典空战武器装备

1960 年 7 月，B.Mk-2 型开始装备部队，共生产 89 架，1965 年 1 月，该机型停止生产，在最后一架 B.Mk-2 型交付使用之前，大多数 B.Mk-1 型轰炸机已经退役。

该机采用全金属半硬壳式结构，机身断面为圆形，机头有 1 个大的雷达罩，上方为突出的座舱顶盖，机头下方装有投弹瞄准镜。悬臂式中单翼面积很大，中翼段为发动机舱，翼内有软式油箱。机身腹部有 1 个长 8.5 米的炸弹舱，可挂 21 颗 454 千克炸弹或核弹或 1 枚 "蓝剑" 空对地导弹，最大载弹量 9500 千克。

20 世纪 80 年代初，英国军方认为，如果对在役的火神轰炸机实施延长寿命的改造，费用过高，因此决定于 1981 年 6 月至 1982 年 6 月期间退役。

英阿马岛战争爆发时，火神轰炸机已经退役，不过由于战争的需要，英军方从 3 个中队抽调了最后几架 "火神" 轰炸机组成特遣部队。该机以阿森松岛为起降基地，经过空中加油，往返 12505 千米，对马岛上阿根廷守军的机场、雷达站等目标实施了空袭，创造了老旧装备在高技术战场上成功运用的范例，为英军夺取马岛作战胜利做出了贡献。马岛战争结束以后，该机于 1983 年全部退役。2007 年 10 月 18 日，在 "火神重返蓝天" 组织的发起下，该机采用英军的 "XH558" 编号，再一次重返蓝天，进行了空中飞行表演。

主要参数（B.Mk-2）	
机　　长	30.45 米
翼　　展	33.83 米
机　　高	8.26 米
乘　　员	5 人
起飞重量	93000 千克（最大）
飞行速度	1038 千米 / 小时
最大航程	7650 千米
实用升限	19800 米
武器装备	1 枚"蓝剑"空地导弹或核弹，或 21 枚 450 千克炸弹，载弹量 9500 千克

英国火神式轰炸机

经典空战武器装备

（三）美国 B-17 轰炸机

B-17 轰炸机，绰号"飞行堡垒"（Flying Fortress）。该机由美国波音公司研制，是二战初期美军的主要轰炸机。

1934 年 6 月 18 日，波音公司开始了初步设计。1934 年 8 月 16 日，开始制造原型机，公司型号 Model 299。1935 年 7 月 28 日，当 Model 299 出现在试飞现场时，西雅图时报的记者 Richard William 将这个庞然大物描绘成"空中堡垒"，并将这一词见于他的报道之中。波音公司很快意识到这个绰号的价值，立即向政府申请"空中堡垒"的商标使用权。从此，"空中堡垒"便成为了 B-17 型轰炸机响当当的绰号。

该机机组成员 8 人，包括正副飞行员、投弹手、领航（无线电报员）和 4 个炮手。机身上设有 4 个流线形机关枪

主要参数（B-17G）			
机　　长	22.66 米	飞行速度	462 千米/小时
翼　　展	31.62 米	最大航程	3219 千米
机　　高	5.82 米	实用升限	10850 米
乘　　员	4 人	爬 升 率	4.6 米/秒
空　　重	16391 千克	武器装备	13 挺 12.7 毫米机枪，炸弹 2000～7800 千克
起飞重量	29700 千克（最大）		

美国海军 B-17G 轰炸机

经典空战武器装备

炮塔，1个位于机背靠近机翼后缘的位置，1个位于机腹机翼后缘之后的位置，后机身腰部两侧各安装1个，机关枪通过内部的支架可以自由转动。另外在透明的机鼻后还有一个附加机枪支架，可以安装一挺7.62毫米或12.7毫米的机枪。内部弹舱可以容纳8枚272千克炸弹，最大载弹量2176千克。

1937年，首批13架军用试生产型YB-17S出厂。1939年4月，首批生产型B-17出厂。1937年1月至1941年11月，美国陆军共接收155架各型B-17轰炸机。之后，生产数量快速累加。在生产巅峰期间，波音公司一个月可以出厂363架B-17轰炸机，相当于每天14～16架。到1945年5月二战结束时，波音、道格拉斯与维加（Vega）公司生产数量达12731架。

该机自出厂以后，经过了多次改良，共有YB-17、YB-17A、B-17B、B-17C、B-17D、B-17E、B-17F、B-17F-BO、B-17F-DL、B-17F-VE、B-17G、B-17G-BO、B-17G-DL、B-17G-VE等多种型号。其中，B-17F系列和B-17G系列生产数量最多，前者共生产3405架，后者8680架。

该机经过多次改良后，性能不断提高，自身防御火力不断增强。到1942年底B-17G出现的时候，该机已装有2门航炮，机上的机关枪数量已由7挺增至13挺。该机虽然航程较短，但载弹量较大，飞行高度较高，并且坚固可靠，常常在受重创后仍能"晃晃悠悠"地飞回机场，因此挽救了不少机组成员的生命，是一个名副其实的"飞行堡垒"。

(四)美国 B-29 轰炸机

B-29 轰炸机,绰号"超级堡垒"(Super Fortress),也称 B-29 超级空中堡垒,是一款四引擎重型螺旋桨轰炸机。该机在 B-17 轰炸机基础上发展而成,由美国波音公司设计,是第二次世界大战时美国陆军航空兵在亚洲战场的主力战略轰炸机。

1940 年 6 月 27 日,美国陆军与四家公司签订重型轰炸机预研合同,赋予波音公司 XB-29、洛克希德 XB-30、道格拉斯 XB-31、康绍里德 XB-32 型号。由于处于竞争劣势,洛克希德和道格拉斯公司中途宣布退出。1940 年 8 月 24 日,陆军订购了 2 架 XB-29 原型机和 1 架静态测试机。为防止 XB-29 试验失败,9 月 6 日,军方又向康绍里德订购 2 架 XB-32 原型机。

1941 年 4 月,在 XB-29 原型机还未完工的情况下,美军又订购了 14 架 YB-29 服役测试机。1941 年 5 月 17 日,陆军决定出资 30 亿美元(当时价格)再次定购 250 架。1942 年 2 月,珍珠港事件爆发后,定购数量增加到 500 架,3 月份又增加到 1000 架。

为了提高产量,在 B-29 原型机还没有开始试飞之前,陆军又指定另外三家工厂新建生产线,准备生产 B-29,这种冒险做法在航空史上十分罕见。1942 年 9 月 21 日,首架 XB-29 开始试飞。而此时,美国陆军已订购了 1664 架 B-29。

经典空战武器装备

1943年秋,波音公司的第一架B-29型轰炸机交付使用。从1944年开始,贝尔公司与马丁公司生产的B-29型轰炸机也开始交付使用。1944年6月5日,该机首次投入作战使用,共有77架B-29从印度起飞,对日军控制的曼谷火车调度场实施轰炸。此后,B-29的轰炸范围与攻击距离逐渐扩大。到了战争末期,B-29空袭日本几乎成为例行公事。1945年8月6日和9日,2架B-29再次光临日本上空,分别在日本广岛和长崎投下2枚原子弹。

该机共有XB-29、YB-29、B-29A、B-29B、B-29D、KB-29(空中加油机)等型号,共生产了3627架,最后一架于1946年6月交付完毕。随着二战的结束,另外5092架B-29系列机型的生产合同被终止。20世纪60年代,该机全部退役。

B-29首次使用了全增压乘员舱,装有雷达和中央火控系统。机上设有6个炮塔,每个炮塔装有2挺12.7毫米机关枪,尾炮塔另加装1门20毫米机炮。机腹有前后2个炸弹舱,每个弹舱有独立的舱门,投弹时由一个定时器控制投放顺序,载弹量9吨。装有4台星形活塞式发动机,最大飞行速度574千米/小时,飞行高度10200米,最大作战航程5230千米,最大运输航程9000千米,当时日军的战斗机和地面上的一般高炮根本拿它没有办法。

该机乘员10~14名,一般为12名;投弹手与投弹瞄准具和射击瞄准具一起被安置在机鼻最前方,正副驾驶并排坐在投弹手后面,周围有防弹钢板和防弹玻璃保护;机械师、无线电报员和领航员位于驾驶舱后。后段的增压舱是4个炮手和雷达操作员的位置,都有装甲隔板保护;尾炮手坐在尾部单独的增压舱中,只有在非增压飞行时才能进出尾部小舱。

主要参数			
机　　长	30.18 米	飞行速度	574 千米 / 小时
翼　　展	43.06 米	最大航程	9000 千米
机　　高	8.45 米	实用升限	9710 米
乘　　员	11 人	爬升率	4.6 米 / 秒
空　　重	33800 千克	武器装备	12 挺 12.7 毫米机枪，1 门 20 毫米机炮，9072 千克炸弹
起飞重量	60560 千克 (最大)		

美国 B-29 型轰炸机

经典空战武器装备

（五）美国 B-52 轰炸机

B-52 轰炸机，绰号"同温层堡垒"（Strato Fortress）。该机由美国波音飞机公司研制，是世界上非常著名的一款亚音速远程战略轰炸机。该机自 20 世纪 50 年代服役以来，经过多次改进，仍然是美国空军的主力机型。

1946 年 2 月 13 日，美国陆军航空兵进行招标，提出研制第二代战略轰炸机用以取代 B-29、B-36。1946 年 6 月 5 日，波音公司提出的 Model 462 在竞争中获胜，并于 6 月中旬得到了军方 XB-52 的试验机型编号。经过几番周折，1951 年 1 月 9 日，美国空军参谋长霍伊特·范登堡正式批准使用 B-52 取代 B-36。

该机共有 XB-52、YB-52、B-52A、B-52B、B-52C、B-52D、B-52E、B-52F、B-52G、B-52H 等机型。其中，XB-52、YB-52 各一架。1952 年 10 月，XB-52 进行了首飞；1952 年 4 月，YB-52 试用机型首次试飞；1954 年 8 月 5 日，B-52A 完成了首飞；1955 年首批生产型开始交付；1962 年停产。在长达 12 年的生产时间里，该机共生产了 744 架。

美国 B-52H 轰炸机

主要参数（B-52H）			
机　长	48.5 米	飞行速度	1047 千米/小时
翼　展	56.4 米	最大航程	16232 千米
机　高	12.4 米	实用升限	15000 米
乘　员	5 人	爬升率	31.85 米/秒
空　重	83250 千克	武器装备	1门20毫米6管机炮，20枚空对地导弹，最大载弹量31500千克
起飞重量	220000 千克（最大）		

B-52轰炸机是美国陆海空"三位一体"核战略力量的主要机种之一。该机采用圆角矩形截面的细长体机身、大展弦比的后掠机翼和单垂尾的总体布局，8台发动机分4组吊装于两侧机翼之下，各型号之间的外形差别不大。

为延长飞机的使用寿命以及提高飞机的作战能力，1970年后，美军将200架D、E、F型改装为G、H型。20世纪80年代，又对G、H型进行现代化改造，信息技术含量大幅提高，可挂载巡航导弹、反舰导弹和AGM-69A短距攻击导弹等武器，导航与攻击精度进一步提升，战场生存力得到加强，寿命延长至12000飞行小时。

该机目前的最新型号是B-52H。B-52H为B-52G型的改进型，1960年7月试飞，1961年3月装备部队，1962年10月26日最后一架交付使用，共生产102架，目前还有95架在美国空军服役。

1971年~1993年，美军对B-52H先后进行了4次改进。改进后，B-52H去掉了翼根整流罩；换装为推力更大的TF33-P-3涡扇发动机，航程增加10%~15%；尾部炮塔的4挺机关枪改为1门M61A1型20毫米6管机炮，取消了第6名机枪手；加装有以MIL-STD-1760数据总线为核心的先进武器控制系统、GPS全球定位系统、电子干扰设备、雷达告警系统、AN/ABS-9A火控系统等；可携带20枚AGM-84斯拉姆导弹或20枚AGM-69A近距SRAM空对地导弹，或16枚"鱼叉"反舰导弹，或6枚AGM-142A空地导弹，或12个联合直接攻击武器。

（六）美国 B-2 轰炸机

B-2 轰炸机，绰号"幽灵"（Spirit）。该机是诺斯罗普·格鲁门公司为美国空军研制的一款隐形战略轰炸机，主要依靠其隐身性能突入敌方领空，使用核弹或常规武器对敌方指挥机构、通信设施、导弹基地等战略目标实施精确打击。

冷战期间，美国空军提出要制造一种新型隐形战略轰炸机，能够避开苏联严密的对空雷达探测网，秘密突入苏联战略纵深，寻找并摧毁苏军的机动型洲际弹道、核导弹发射架和纵深内的其他重要战略目标。1979 年，该项目得到美国空军的正式批准。1981 年，由诺斯罗普·格鲁门公司和麻省理工学院科学家组成的团队提出的研制方案在公开招标中胜出。

1988 年 4 月 20 日，美国空军首次展示了一幅 B-2 飞机的手绘外形彩图，其独特的外形引起了世界航空界和众多飞机爱好者的广泛关注。经过多次技术修改后，1989 年 7 月 17 日，首架原型机开始试飞。1993 年 12 月 17 日，首架 B-2 隐形战略轰炸机交付美国空军。

该机采用翼身融合、无垂直尾翼的飞翼构形，机翼前缘交接于机头处，机翼后缘呈锯齿形，整体外形光滑圆顺，毫无"折皱"，不易反射雷达波。机身机翼大量采用石墨/碳纤维复合材料、蜂窝状结构，机体表面喷涂特制的吸波油漆，可大大降低敌方探测雷达的回波。

飞机发动机进气口位于机翼的上方，呈 S 状，发动机的喷嘴深置于机翼之内，并采用了喷口温度调节技术。机体下方没有设置武器舱或武器挂架，连发动机舱和起落架舱也全部埋入到了平滑的机翼之下。据报道，B-52 轰炸机的雷达反射截面积为 100 平方米，米格 -29 为 25 平方米，B-1B 约 1 平方米，而 B-2 不到 0.1 平方米，仅仅相当于天空中的一只飞鸟的雷达反射截面，一般雷达基本上无法发现它。

该机装有 AN/APQ-181 低可截获性 J 波段攻击雷达、自动导航和星座对位导航系统、全球定位辅助瞄准系统、TCN-250 塔康系统、Ⅵ R-130A 自动着陆系统、AN/APR-50 雷达告警接收机以及 ZSR-63 防御辅助设备等。其中，全球定位辅助瞄准系统，可将选定的目标锁定并放大 4 倍，借助这种定位辅助瞄准系统，炸弹击中目标的误差可小于 6 米。

AN/APQ-181 电子扫描式相控阵雷达，共有合成孔径雷达和反合成孔径雷达等 21 种工作模式。前者主要用于扫描陆地地貌，可清晰地获取 161 千米距离内地表的雷达扫描图像，供飞机对地面目标轰炸时使用；后者主要用于识别和捕捉海上目标，最大作用距离 128 千米。

B-2 轰炸机可细分为 block10、block20、block30 三种型号。其中，block10 型，最多能携带 16 枚 B-83 型核炸弹和 16 枚 MK84 型常规炸弹；block20 型，具备防区外对地攻击的能力，最多可携带 16 枚 B-61 核炸弹，或者携带 36 枚集束炸弹及 16 枚全球定位系统（GPS）辅助制导的炸弹；block30 型，最多能携带 80 枚 MK82 炸弹、36 枚 M117 炸弹、80 枚 MK62 炸弹、16 枚联合攻击炸弹，还可携带 8 枚防空区外攻击导弹。

主要参数	
机　　长	21.0 米
翼　　展	52.4 米
机　　高	5.18 米
乘　　员	2 人
空　　重	71700 千克
起飞重量	170600 千克（最大）
飞行速度	1010 千米 / 小时
最大航程	11100 千米
实用升限	15200 米
武器装备	2 个机身弹舱，最大载弹量 30 吨

美国 B-2 隐形轰炸机

经典空战武器装备

（七）苏联图-16型轰炸机

图-16型轰炸机，北约绰号"獾"（Badger）。该机为双发高亚音速喷气式中程轰炸机，由苏联图波列夫设计局研制，其性能和尺寸与美国的B-47、英国的"勇士""胜利者"和"火神"轰炸机基本相当。

该机于1950年开始研制，设计编号图-88。1952年4月27日首次试飞，1952年12月开始生产，1955年交付使用，正式编号图-16。该机有图-16A、B、C、D、E、F、G、H、J、K、L、M、N等多种型号，共生产2000多架，除主要作为轰炸机使用外，还被改装担负空中侦察、空中加油等任务，1966年开始退役。

图-16各型飞机的外形基本相同，只是设备不同或局部外形有些修改。其中，图-16A为战略轰炸基本型，携带核弹和常规炸弹，乘员7名，机头下有小型雷达罩，在机头、机身上下炮塔及尾部炮塔内装7门23毫米机炮。图-16B为海军型，翼下可挂2枚AS-1"狗窝"空对地导弹，最大射程100千米，用于攻击对方航母编队。

图-16C为海军型，机头装有大型制导雷达，机身下可挂1枚AS-2"鳟鱼"空对舰导弹，最大射程300千米，改进型在翼下挂AS-6"王鱼"式空对地导弹，最大射程650千米。图-16D为海上电子侦察型，机头同C型，机身中部下面有3个泡形整流罩。

主要参数	
机　　长	34.80 米
翼　　展	32.93 米
机　　高	10.36 米
乘　　员	6 人
空　　重	37200 千克
起飞重量	79000 千克（最大）
飞行速度	1050 千米 / 小时
最大航程	7200 千米
实用升限	12800 米
武器装备	7 门 23 毫米机关炮，2 枚 AS-1、1 枚 AS-2、1 枚 AS-6 反舰导弹，载弹量 9000 千克

苏联图-16C 轰炸机

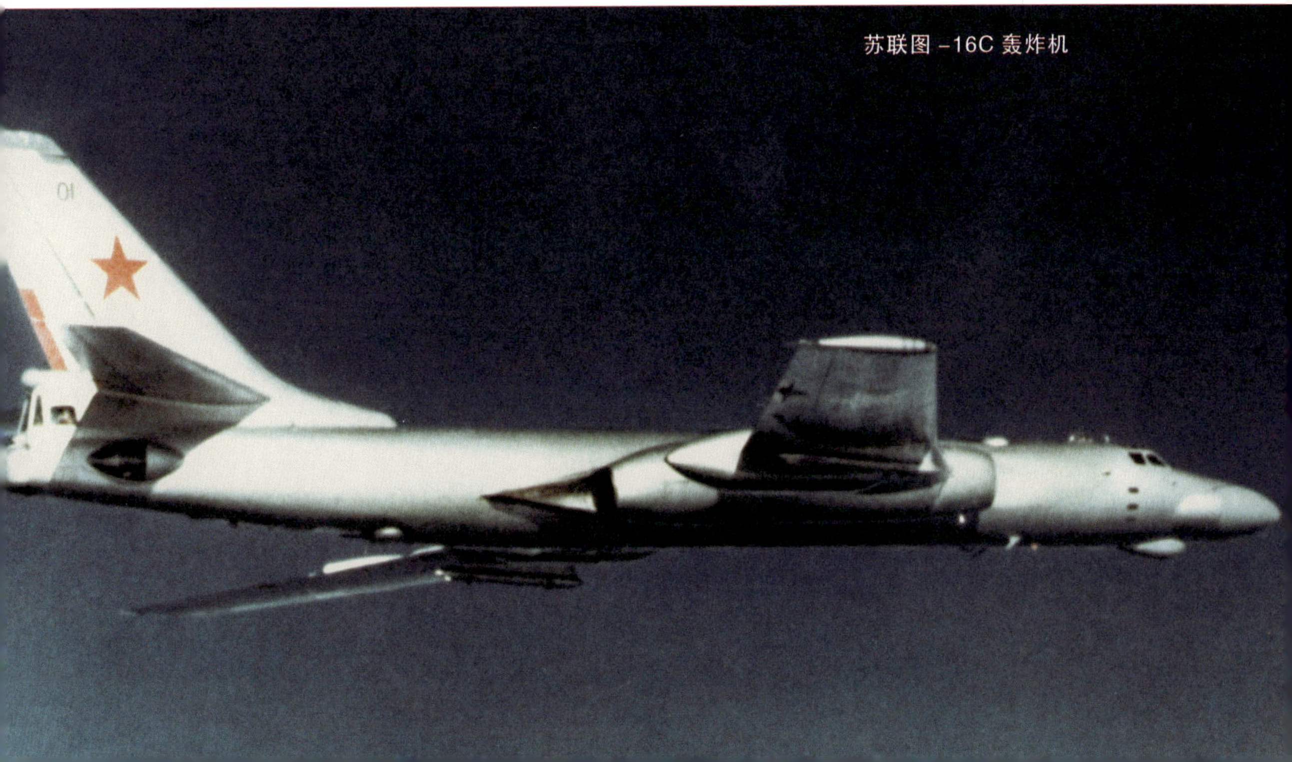

图-16E 为 A 型改进型，弹舱中增装照相机。图-16F 与 E 型基本上相同。图-16G 为 A 型的改进型，翼下可挂 2 枚 AS-5"鲑鱼"空对舰导弹，最大射程 150 千米，主要装备海军航空兵反潜部队。图-16H 为护航电子干扰型，弹舱内安放电子干扰物，施放口位于弹舱后方。图-16J 为专用电子干扰型。图-16K 为电子侦察型。图-16N 为空中加油机型，用于"伙伴"式加油，最大载油量 34360 千克。

图-16 采用细长流线型机身，后掠机翼，平尾和垂尾都有较大后掠角，装有 2 台涡轮喷气式发动机。机身中段有一个 6.5 米长的弹舱，载弹量 3000～9000 千克，可装核弹和各种炸弹，海上作战可装鱼雷或水雷，翼下可挂 AS-1 至 AS-6 等各种空对面导弹。

1965 年 5 月 14 日 9 时 59 分，经过改装的图-16 轰炸机搭载着我国自行研制的原子弹成功地完成了核试验任务。1968 年 12 月 24 日，我国在图-16 基础上研制的首架轰-6 原型机试飞成功，并于 1969 年开始批量生产。

（八）俄罗斯图-22轰炸机

图-22轰炸机，北约绰号"眼罩"（Blinder），苏联飞行员自称为"锥子"（Shilo）。该机是苏联图波列夫设计局研制的第一种超音速可变后掠翼轰炸机，用于取代图-16，主要装备苏联空军和海军航空兵，除担任轰炸任务外，还可以担负侦察、电子作战及攻击航空母舰战斗群等任务。

该机于1955年开始设计，1958年首次试飞，1961年在苏联航空节初次公开展出，1962年开始装备部队，利用其超音速的飞行性能突破北约的防空网和空中拦截，对欧洲的战略目标实施核打击。

该机共有图-22A、B、C、D、E、M等型号。其中，图-22A为轰炸侦察型，机身弹舱内可带自由落体核炸弹或常规炸弹，最大航程只有2250千米，不适于执行原定的战略任务，生产数量不多。图-22B为轰炸型，外形与图-22A基本一致，性能有所提高，弹舱内可携带装有核弹头的AS-4"厨房"空对地导弹，机头雷达更大，机头上装有空中受油管。

图-22C为海上侦察型，机头装有空中受油管，弹舱门上有6个照相舱口，部分飞机装有电子对抗设备或电子情报收集设备，生产数量约60架。图-22D为教练型，座舱盖加长，教练员座舱在标准座舱之后，位置略高。图-22E为电子战/侦察型，增加了天线数量。

经典空战武器装备

图-22M 为图-22 的最新型。虽然图-22M 与图-22 其他机型采用相同编号，但两者却有本质上的区别，该型机除前起落架及弹舱门与图-22"眼罩"系列相同外，其余部分几乎重新设计。该机绰号"逆火"（Backfire），由图波列夫设计局于 20 世纪 60 年代中期开始研制，1969 年 8 月 30 日首次试飞，1974 年左右开始交付使用。

图-22M 共有图-22M1、M2、M3 三个型别。其中，图-22M1 为最初生产型，仅装备 1 个中队。图-22M2 为第一种批量生产型，1975 年开始服役。图-22M3 为远程轰炸及海上型，对机载电子设备进行了更新，飞机的低空突防、轰炸、导航性能以及电子对抗能力得到较大提高。

图-22M 装备具有陆上和海上下视能力的远距探测雷达、轰炸导航雷达、敌我识别器、"警笛"3 全向警戒雷达、23 毫米尾炮火控雷达、多普勒导航和计算系统以及无线电罗盘、无线电高度表和仪表着陆系统等。

图-22M3 装有一门 23 毫米双管机炮；与其他型别相比，该型机采用了可换组件式弹舱，最大载弹量 12 吨，可携带 1 枚 Kh-22 或 Kh-22N 远程导弹；也可安装 2 个自由落体式常规炸弹挂架，携带 69 枚 FAB-250 炸弹或 8 枚 FAB-1500 炸弹；或携带 6 枚 Kh-15P（AS-16）反辐射导弹。此外，翼下挂架可挂载 2 枚 Kh-22 远程导弹，或 6 枚 Kh-15P 反辐射导弹。

俄罗斯图-22M3 轰炸机

主要参数（图-22M3）	
机　　长	42.4 米
翼　　展	34.28 米
机　　高	11.05 米
乘　　员	4 人
空　　重	54000 千克
起飞重量	126400 千克（最大）
飞行速度	2000 千米/小时
最大航程	6800 千米
实用升限	13300 米
爬　升　率	15 米/秒
武器装备	1 门 23 毫米机炮，1 个机身弹舱，2 个翼下挂架，最大载弹量 12 吨

第二章　轰炸机

（九）俄罗斯图-95轰炸机

图-95轰炸机，北约代号"熊"（Bear）。该机由苏联图波列夫飞机设计局研制，是目前全世界唯一仍在服役的大型四发涡轮螺旋桨轰炸机。该机除作为战略轰炸机之外，还可以执行电子侦察、照相侦察、海上巡逻、反潜和通信中继等任务。

1950年，苏军提出研制新型战略轰炸机的任务要求，用以取代图-4以及图-80（进化版的图-4）轰炸机。苏军在要求中明确，新型轰炸机必须至少能够携带11吨弹药，飞机一次加油后至少能够飞行8000千米。

1951年7月11日，研发工作正式开始，代号"项目95"。1952年11月12日，"95-1"原型机首次试飞。1955年2月，"95-2"原型机首次升空，同年夏天正式命名为图-95。1956年4月，首批生产型图-95开始交付使用。从1956年8月到1957年2月，所有生产型图-95换装NK-12M型发动机，改进后型号命名为图-95M。该机于1992年停产，共生产约300架。

该机共有图-95KM"熊"A、图-95KM"熊"B、图-95KM"熊"C、图-95RT"熊"D、图-95R/95MR"熊"E、图-142"熊"F、图-95K-22"熊"G、图-95MS"熊"H、图-95MS"熊"J等多种型号。目前约有150架图-95M在俄罗斯空军服役，乌克兰还拥有21架图-95MC。

其中，"熊"A为基本型，装有2门23毫米机关炮，机内装有2枚核

弹或各种常规的自由落体炸弹。"熊"B可携带1枚AS-3空对地导弹，雷达设备有所增加。"熊"C与B型相似，但后机身两侧各增加1个雷达整流罩，携带的Kh-20导弹升级为Kh-20M。"熊"D为电子侦察型，机上没有进攻性武器。"熊"E为海上侦察型，机上装有8台不同型号的照相机。

"熊"F是在图-95基础上设计的海军大型反潜机，苏联编号图-142，1970年开始服役。"熊"G的外形与"熊"B/C相似，每侧翼根有一个大型挂架，携带AS-4空地导弹。"熊"H以图-142为基础，于1984年形成了初步作战能力，可携带AS-19巡航导弹，其中6枚位于弹舱内，另外，4枚挂在两侧翼根的挂架上。"熊"J为通信中继机。

图-95机身采用半硬壳式全金属结构，截面呈圆形；机翼穿过机身中段，采用后掠设计，翼上装有4台涡桨发动机，机翼油箱与机身油箱共携带74000千克燃油，弹舱位于机翼后方；尾段上装有尾部炮塔。尾翼采用悬臂式全金属结构，垂直和水平安定面采用后掠角设计，垂尾翼尖由非金属材料制成。

机尾炮塔装备2门23毫米机炮，部分型号在机身后上方装有2门23毫米机关炮或1门30毫米机关炮，机身腹部装有2门机关炮。机身下方携带1枚AS-3空对地导弹。机身中段下部的弹舱正常载弹量10吨，最多可携带15～25吨各种常规炸弹，以及水雷、鱼雷、无线遥控炸弹和核弹等。可携挂的种类包括60枚FAB-250炸弹或30枚FAB-500炸弹，Kh-15空对地导弹、Kh-20巡航导弹、Kh-22远距反舰导弹、Kh-55巡航导弹，核弹头当量20万吨。

俄罗斯图-95MS 轰炸机

主要参数（图-95MS"熊"H）			
机　　长	46.2 米	飞行速度	920 千米/小时
翼　　展	50.10 米	最大航程	15000 千米
机　　高	12.12 米	实用升限	13716 米
乘　　员	7 人	爬升率	10 米/秒
空　　重	90000 千克	武器装备	2门23毫米机炮，16枚Kh-55巡航导弹，最大载弹量25吨
起飞重量	188000 千克（最大）		

经典空战武器装备

（十）俄罗斯图-160轰炸机

图-160轰炸机，北约绰号"海盗旗"（Black Jack）。该机由苏联图波列夫设计局研制，是一款可变后掠翼超音速远程战略轰炸机，与美军B-1轰炸机非常类似，主要用来替换米-4和图-95，用于执行战略轰炸任务。2007年以后，该机开始战略巡逻任务。

针对1970年美国空军提出B-1A轰炸机的需求计划，1972年苏联空军提出也要研制一种类似的飞机，用于抗衡美国空军的战略优势。为此，苏联军方将任务分别下达给图波列夫设计局、米亚设计局和苏霍伊设计局。

经过全方位比较后，苏联空军认为米亚设计局提出的M-18设计方案比较好，但考虑到图波列夫设计局具有大型轰炸机的设计经验和生产能力，最后决定图-160由图波列夫设计局在M-18方案的基础上进行研制，由喀山飞机制造厂负责批量生产。

1981年12月19日，第一架原型机首飞；1987年5月，图-160开始进入部队服役；1988年形成作战能力；1989年公开亮相。苏联解体后，共有19架图-160留在了乌克兰境内，2000年2月，为偿还能源债务，乌克兰归还了8架图-160给俄罗斯。目前，俄罗斯约有20架图-160。

该机采用翼身融合体技术，并为了减少雷达反射波进行了修形设计；采用可变后掠翼布局，机翼较低，机翼固定段前缘的后掠角较大，呈弧线形，

主要参数			
机　长	54.10 米	飞行速度	2220 千米/小时
翼　展	55.70 米	最大航程	12300 千米
机　高	13.1 米	实用升限	15006 米
乘　员	4 人	爬升率	70 米/秒
空　重	110000 千克	武器装备	2 个内置弹舱，12 枚 Kh-55 或 24 枚 Kh-15 导弹，最大载弹量 40 吨
起飞重量	275000 千克（最大）		

俄罗斯图-160 轰炸机

经典空战武器装备

直到机头座舱的两侧；全动式后掠平尾安装在垂尾与背鳍的交界处，位置较高；机翼与机身连接结构的前后各有 1 个长 12.8 米的弹舱；座舱内 4 名机组人员前后并列，每人配有单独的弹射座椅，座舱每侧有一个窗户。

图 -160 轰炸机是苏联最后一代、俄罗斯最新一代的远程战略轰炸机。该机装有 4 台涡扇发动机；机长 54.10 米，全展开时（65 度）翼展 55.70 米，后掠 20° 时翼展 35.60 米，机高 13.1 米；空重 110 家吨，居世界之冠，正常起飞重量 267.6 吨，最大起飞重量 275 吨；最大燃油量 160 吨；最大飞行速度 2.05 马赫，巡航速度 0.9 马赫；作战半径 7300 千米，最大航程 12300 千米；起飞滑跑距离 2200 米，着陆距离 1600 米。

该机装备有导航/攻击雷达、预警雷达、天文和惯性导航系统、航行坐标方位仪、武器瞄准光学摄像机，以及主动、被动电子对抗设备等。该机与图 -22 和图 -95 不同，没有安装尾炮，是苏联二战以后第一架"无自卫武器"的轰炸机。机上设有 2 个内置弹舱，最大载弹量 40 吨，可携带各种自由落体炸弹、短距攻击导弹或巡航导弹等。每个弹舱内的旋转发射架可携带 6 枚 Kh-55 巡航导弹，或者携带 12 枚 Kh-15 短距攻击导弹。

该机主要采取高空亚音速巡航、低空高亚音速或高空超音速突防等作战方式，高空时发射具有防区外攻击能力的巡航导弹，防空压制时可发射短距攻击导弹，低空突防时可实施核炸弹或导弹攻击。

三、轰炸机背后的故事

经典空战武器装备

轰炸东京

1942年4月18日,一阵阵呼啸声划破东京的上空。当时,正是工人下班的高峰,随着一架架美军飞机的俯冲而至,一枚枚炸弹砸落下来,整个东京笼罩在一片浓烟火海之中。伴随着凄厉刺耳的空袭警报声,日本居民被吓得魂飞魄散、到处乱窜。

日本人不禁要问,美军飞机从何而来?按照当时情况,美军的轰炸机作战距离还比较有限,从任何一个基地出动飞机轰炸东京,距离都十分遥远,唯一的办法就是使用航空母舰,由航母舰载机担当重任。

为了报珍珠港一箭之仇,雪洗美国人的耻辱,美国海军决定对日本本土的心脏——东京实施空袭。可是,在选派什么飞机执行这一任务时,美国人可犯了难。

日本在本土500海里之外派有雷达哨艇担负巡逻任务。为了不被日军哨艇过早的发现,美国航空母舰上的飞机必须从550海里以外的地方起飞,往返航程至少要1100海里,这对美国任何一种舰载机来说都无法胜任。另外,航空母舰在海上长时间地等待飞机返航降落,也十分危险。

为了解决这个问题,美国决定使用陆军的B-25远程轰炸机。拟定的作战计划是:B-25轰炸机在航空母舰上起飞后,航空母舰即刻脱离危险海域。

B-25由美国北美航空公司于1938年研制,1940年投产。机组成员5人,机长16.48米,翼展20.6米,总重12992千克,装备2台活塞发动机,巡航速度370千米/小时,最大速度438千米/小时,航程2173千米,实用升限7619米,最大载弹量3000磅(1360千克)。

很快,美军第17中型轰炸机大队就接到了任务,要求其前往诺福克海军基地。为了保密起见,对外宣称负责美国东海岸的反潜巡逻。第17轰炸机大队隶属于陆军航空兵第8轰炸机军团,是美国陆军航空兵中的第一支中型轰炸机大队,首批

B-25便分配到该大队服役，截止1941年9月该大队的全部4个中队均已配备了B-25。

按照计划，空袭行动共需要20架轰炸机。为了适应在航空母舰上起飞需要，美军从第17大队挑选了24架B-25进行了多达12项的改装。主要包括：在投弹舱加装副油箱，在机腹炮塔里安装110加仑的金属副油箱，使B-25的总燃油量从原先的646加仑增加至1141加仑。另外，在飞机尾部的无线电员座舱还另外装1个60加仑和10个5加仑的小油箱，以便飞机能够尽量多带一些燃油。

此外，飞机还对炸弹舱内炸弹挂钩进行了改进。每架B-25配备了4枚特别定制的500磅（225公斤）炸弹。4枚炸弹中，3枚填装高爆炸药，1枚为子母燃烧弹。子母燃烧弹，内有128枚3千克子燃烧弹。为了减轻飞机载荷和避免起火，飞机只留下2枚照明弹；为防止行动暴露，要求全程无线电静默，无线电收发器也予以拆除。

更为有意思的是，由于尾部炮塔的双管12.7毫米机枪经常出现卡壳，为进一步减轻飞机载荷，美军也决定将其卸掉。但是为了保护飞机不至于受到来自后方的攻击，在机尾安装了两根涂成黑色的木棍，模拟机枪枪管，从而使日军飞行员从远处看去，难辨真假，不敢轻易从后面发动攻击。

与此同时，24架飞机的机组人员的招募工作也已完毕，这些人仅被告知要参加一项"秘密行动"。从1942年3月1日开始，机组人员开始接受为期三周的高强度训练，驾驶B-25轰炸机从模拟航母甲板上起飞，并进行低空飞行、夜航、低空投弹和水上导航。

3月31日，16架B-25抵达旧金山，与赶来的"大黄蜂"号航空母舰会合。为了腾出甲板，"大黄蜂"号自己的舰载机全部停放在机库里。1942年4月2日，美国海军"大黄蜂"号航空母舰在"维森斯妙"号重巡洋舰和"纳希维耳"号轻巡洋舰的护航下，从旧金山启航，向预定海域驶去。

望着甲板上停放的16架B-25轰炸机，看着整个编队渐渐驶离旧金山港，"大黄蜂"号航空母舰舰长马克·米切尔迫不及待地打开了装有上级命令的密封袋，目

经典空战武器装备

光飞快地在印有"绝密"字样的命令上扫视着。

他快步走到扩音器前,向全体舰员讲话:"大家听着,我们接受了一项十分光荣的任务。'大黄蜂'号要运载杜立特中校和他的飞行员们横渡太平洋,在离日本海岸几百海里的地方让B-25轰炸机起飞,轰炸东京!"顿时,整个舰上响起了一片欢呼声。

4月14日,按照行动计划,"大黄蜂"号在中途岛北部水域与"企业"号航空母舰会合。"企业"号的任务是为整个特混舰队提供空中保护,并负责空中侦察。特混舰队由"企业"号上的哈尔西海军中将统一指挥。

4月18日清晨7时38分,特混舰队距离日本本土还有1200千米。就在此时,正在该海域游弋的日军巡逻船"日东丸23号"发现了他们,立即向日本发送无线电预警。"纳什维尔"号轻巡洋舰很快将其击沉。舰队指挥官哈尔西将军认为,特混舰队的行踪已经暴露,于是命令杜立特立即带领轰炸机队起飞。

随即,"大黄蜂"号上的扩音器里传来了沙哑的喊声:飞行员进机!飞行员进机!听到广播后,飞行员们迅速地从居住舱跑了出来,冲向飞行甲板。此时,整个飞行甲板忙开了锅,机械员、滑行信号员、拦阻挂钩员、轮挡员、消防员各司其职,不到半小时,16架轰炸机摆到了起飞位置。

杜立特和他的副驾驶、引航员、投弹手和炮手等机组人员迅速坐进最前面的那架B-25轰炸机,其余机组成员也已就位。挂弹车将炸弹从弹药舱运了过来,挂进了机腹弹舱。"大黄蜂"号逆风而行,B-25等待起飞的指令。

船头左侧,信号员手执一面方格小旗,开始旋转划圈。顿时舰上的B-25发出了轰鸣声,杜立特也把油门越加越大。突然,信号员手中的小旗停住了,信号员发出了放飞信号。轮挡员抽去了飞机的轮挡,杜立特松开了刹车,飞机向起飞线滑去。他的身后,一架架飞机也开始向前滑行。

杜立特将飞机调至经济巡航速度,在6米高度贴着海面飞行。8时20分至9

时19分,16架B-25在一个小时之内全部成功起飞。飞机没有在舰队上空盘旋编队,而是单机跟进。按照计划,特混舰队迅速掉头返航。

为了躲避日军雷达,起飞初期,B-25采取2～4架为一组,之后各自散开,贴近海面低空飞行。大约在下午2点,杜立特已经看到了薄雾朦胧的日本海岸。许多日本渔船停泊在白色的海滩附近。当他们从小船的桅杆上方呼啸而过的时候,一些日本人竟以为是自己的飞机,还不停地向美军飞机招手,日本人好象一点儿防备也没有。

6小时后,16架B-25于东京时间正午时分陆续飞抵日本上空,有的去了东京,有的去了横滨、横须贺、名古屋、神户和大阪。日本防空队发现杜立特驾驶的飞机之后,立即对空开炮,飞机周围不时出现高射炮弹的点点黑烟。杜立特迅速爬高至450米,然后拉平,进入轰炸航向,投弹手打开机腹弹舱门,将炸弹丢了下去。

然而,由于整个行动计划提前10小时,意味着B-25将多飞310公里。返航后的B-25在夜幕降临的时候,燃油所剩无几。夜幕笼罩之下,机组成员根本弄不清机场的方位。在燃油即将耗尽的节骨眼上,机组成员们意识到已无法按计划降落到指定的机场,于是选择在陆地上空弃机跳伞或是沿着海岸实施海面迫降。其中,还有一架由于燃料消耗过大,降落在苏联海参崴。

全部75名飞行员中3人(一说5人)丧生、64人(一说62人)被中国的抗日军民救助,辗转到达重庆、桂林然后回到美国。降落在苏联的那架飞机5名机组人员被扣押,1943年经伊朗回到美国。

此次空袭共造成日本50人丧生、252人受伤、90幢建筑受损或倒塌。虽然,日本遭受的损失不大,却大大提升了美国人的士气,并使日本军部当局在民众心目中的威信发生动摇,对当局是否有能力赢得对外战争产生质疑。遭受此次空袭后,日本不得不从印度洋调回强大的航母编队,用以防卫本土。

第三章　战斗轰炸机

一、战斗轰炸机概述

战斗轰炸机是一种兼有歼击机与轻型轰炸机特点的作战飞机,也称"歼击轰炸机",英文名称 Fighter Bomber,主要装备空对空导弹、空对地导弹、炸弹、航空机炮、航空火箭弹等基本武器,其速度和战斗机相当,但低空突防性能好,对地攻击火力强,主要用于攻击战役战术纵深内的地面、水面目标,并兼具一定的空战能力。

经典空战武器装备

（一）战斗轰炸机的历史

战斗机主要用于空中拦截，通常飞行速度快，但主要装备是对空用的机关枪和航炮，不适合担负对地攻击任务；轰炸机虽然载弹量大，但飞行速度较慢，防护能力较差，低空对地攻击能力较差。于是，人们决定研制一种飞机，希望它能够兼具战斗机和轰炸机的优点。

最初的战斗轰炸机由战斗机改装而成。第二次世界大战期间，美国在P-40战斗机的基础上研制出P-40D"小鹰"，用来轰炸地面目标。1941年6月22日，"小鹰"I型开始试飞，与P-40不同的是，P-40D机身安装有79.5千克装甲，腹部可挂1个197升副油箱或1枚227千克炸弹，用4挺12.7毫米机翼机枪代替了机头机枪，后来机枪增加到6挺。

P-40D"小鹰"曾出口至英国，被命名为"战斧"，用于欧洲战场。另外，该机还出口至中国，广泛用于中缅战场，用于对日作战。20世纪40年代末，美国首先使用Fighter Bomber（战斗轰炸机）这一名称。

P-40K 战斗轰炸机

F-84E 战斗轰炸机

经典空战武器装备

1946年2月26日，由美国共和公司设计生产的F-84战斗机实现首飞，1947年6月开始批量生产。F-84是美国最早大量使用的单座喷气式战斗轰炸机，绰号"雷电"。朝鲜战争期间，该机几乎每日使用炸弹、火箭和凝固汽油弹攻击北朝鲜的铁路、桥梁、物资屯集点以及行进中的部队，对中朝两国军队构成了巨大的威胁。

20世纪50年代初，在美国立足于打核战争的战略思想指导下，美国战术空军也要具备战术核轰炸能力。1951年，美国共和公司开始设计F-105，并于1955年10月22日首次飞行。该机是继F-84之后发展的单座超音速战斗轰炸机，绰号"雷公"，可携带常规炸弹和战术核武器，最大载弹量5900千克，可执行对地攻击任务，并具有一定的自卫空战能力。

F-105是美国空军第一架超音速战术战斗轰炸机，于1965年停止生产，曾大量用于越南战争。越南战争期间，随着F-111的大量装备部队，F-105的任务逐渐被F-111所代替。F-111战斗轰炸机于1967年交付使用，装备有1门M61型6管20毫米机炮，备弹2000发；机身弹舱长5米，可挂1颗1360千克炸弹；共有8个外挂架（部分型号6个），可携带普通炸弹、导弹和核弹。

20世纪50年代，苏联在米格-19战斗机的基础上开始发展战斗轰炸机，命名为苏-7，北约绰号"装配匠"A。该机于1955年首次试飞，1956年在土希诺航空节上首次亮相，1958年开始批量生产，是苏联使用的第一种战斗轰炸机。

苏-7战斗轰炸机乘员1人，机长16.80米，翼展9.31米，机高4.99米，空重8330千克，最大起飞重量15210千克，最大飞行速度2150千米/小时，航程1650千米，实用升限17600米，爬升率160米/秒。该机固定武器为2门30毫米机炮，每门备弹30发；两个腹部、两个翼下、两个翼尖挂点挂载能力2000千克，可携带火箭弹、炸弹等武器用于对地攻击。苏-7后期型号可投放战术核武器。

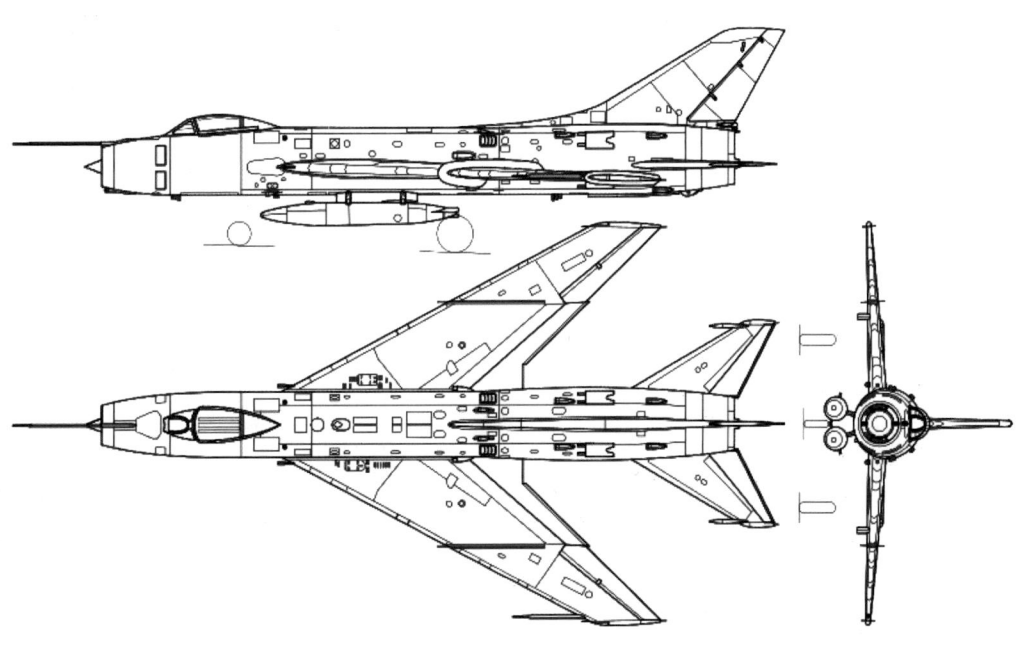

苏-7战斗轰炸机三视图

苏-17战斗轰炸机

20世纪60年代末，苏联又在苏–7的基础上发展出可变后掠翼的苏–17战斗轰炸机。原型机于1966年投产，1967年出现在航空节上，北约绰号为"装配匠"B。1971年，生产型苏–17开始装备部队，北约绰号"装配匠"C。

苏–17装有2门30毫米机关炮，每门炮备弹增至70发；机上共有8个武器挂架，其中2个为副油箱专用挂架，另外6个可挂载火箭发射巢、240毫米大口径火箭弹、减速炸弹、空对地导弹等武器，载弹能力4000千克。

从20世纪60年代后期开始，专门设计的战斗轰炸机逐渐增多，相继出现了如美国的F-111，苏联的苏–24，英国、德国、意大利联合研制的"狂风"等。随着机载电子设备的不断改进和现代格斗导弹的广泛使用，战斗轰炸机的空战能力也有了很大提高。战斗轰炸机与歼击机、强击机的差别日益缩小。因此，美国和西欧一些国家已逐渐把现代歼击机、强击机和歼击轰炸机统称为"战术战斗机"。

（二）战斗轰炸机的特点

一是低空抗颠簸能力强。与战斗机相比，战斗轰炸机一般采用展弦比较小的机翼或可变后掠翼，以减小低空阵风或气流的影响，飞机具有良好的操纵性、安定性和低空抗颠簸能力。

二是飞行速度比较快。与普通轰炸机相比，战斗轰炸机飞行速度通常为1.5～2.3马赫，飞行速度较快，具有良好的高速突防能力，战场生存能力较大。

三是外挂武器装备多。为了增加对地、对海上目标的打击能力，战斗轰炸机通常设计有多个外挂点,以便尽可能增加外挂武器装备数量。如美国F-15E外挂点多达11个,可挂22枚225千克炸弹。

(三)战斗轰炸机的未来

一是加强突防能力和攻击威力。为了提高突防能力和攻击威力,通过增加外挂物管理系统,提示飞行员合理、安全地使用武器;通过火控系统与飞行操纵系统交联,保证飞机在做反高射炮动作或波浪飞行时仍可准确投射武器。

二是大量采用隐身技术。为了减少暴露特征,提高低空隐蔽突防能力,战斗轰炸机的外挂物尽量采用半埋或贴身方式,以减少阻力和雷达反射面。

三是加大作战半径。为了提高战斗轰炸机的作战效能,通过改善短距起降性能,以提高远距离攻击能力。

四是提高信息水平。一方面,加装由防撞雷达和自动驾驶仪等交联组成的地形跟随系统,以及时发现前方障碍物,保障低空飞行安全,另一方面,加装大量火控雷达、激光测距器、微光夜视仪或前视红外观察仪,以提高对地攻击精确能力和夜间作战能力。

但是,随着科学技术的日益发展和战场环境的不断变化,在未来的空中战场上,单一用途的战斗轰炸机的地位将会有所下降,与此相反,其作战功能将逐渐被多用途战斗轰炸机所替代,如F-15、F-22、T50、歼20等战斗机不仅有较强的空战能力,同时具有强大的对地攻击能力。

二、经典战斗轰炸机

经典空战武器装备

（一）俄罗斯苏-24战斗轰炸机

苏-24是俄罗斯空军装备的一种双座、双发、可变后掠翼、重型、全天候、超音速战斗轰炸机，也是苏联第一种能进行空中加油的战斗轰炸机，用于替代苏-17/20/22系列战术轰炸机。该机由苏霍伊设计局研制，北约绰号"击剑手"（Fencer）。

1964年，苏-24的研制工作开始启动；1970年1月，首次试飞，并通过一系列性能测试后，正式命名为苏-24；1974年12月，经过不断改进后，首批生产型苏-24交付部队。

该机共有苏-19（击剑手A，试飞型）、苏-24（B，作战型）、苏-24（C，改进型）、苏-24M（D，攻击型）、苏-24MR（E，侦察/电子战型）、苏-24MP（F，侦察型）、苏-24MK（改进作战型）等多个型号，生产数量达1000架以上。

该机机身采用全金属半硬壳式结构，外形细长；装有两台双转子加力涡轮喷气发动机；机身及机翼挂架还可携带4个1750千克副油箱。其主要特点是续航时间长，加速性能好，具有低空高速突防和全天候作战能力，可在一般的野战机场起降，是冷战时期苏联空军最有效的远程战术攻击机，也是俄罗斯空军现役的主力战机之一，多次参加中俄联合军演，其主要任务是攻击敌陆军集结部队或空军基地。

20世纪80年代后，苏-24全部经过现代化改装，目前主力机型为苏-24M和苏-24MK。M型于1977年7月25日首飞，1978年量产，1983年正式服役。

该型机风挡前方中央装有可伸缩的受油管,装备有惯性导航系统,毫米波雷达,探测最大距离80千米,可保证飞机在200米高度以1320千米/小时的速度实施低空突防。

苏-24M机身下右侧装备有1门23毫米6管机关炮,另一侧装备摄像设备;共有9个外挂点,其中,机身下方5个、内翼下方2个、外翼下方2个,总载弹量8000千克,可挂各种普通炸弹(100~1000千克级)、凝固汽油弹、穿甲弹、高爆弹、子母弹,以及AS-7、AS-9、AS-10、AS-11、AS-12、AS-13、AS-14、AS-17空对地导弹,AA-8空对空导弹等,还可携带TN-1000、TN-1200等多种核炸弹。

主要参数(苏-24M)	
机　　长	24.53米
翼　　展	17.63米
机　　高	4.97米
乘　　员	2人
空　　重	19000千克
起飞重量	39700千克(最大)
飞行速度	2.18马赫(11000米),1.15马赫(海平面)
最大航程	3500千米
实用升限	17500米
爬 升 率	180米/秒(海平面)
武器装备	1门23毫米6管机关炮,9个外挂点

俄罗斯苏-24M战斗轰炸机

（二）俄罗斯苏-30MK战斗轰炸机

苏-30MK是一种在苏-30基础上改进而成的双座、双发、多用途、重型战斗轰炸机，由俄罗斯苏霍伊设计局研制，M代表多用途、K代表出口，主要有苏-30MK、苏-30MKI、苏-30MKⅡ、苏-30MKK等型号。该机型具有远程截击、对地攻击和指挥单座苏-27作战的三位一体作战功能，战斗性能可与美国F-15E相媲美。

苏-30的研制工作始于20世纪80年代，原型机开始命名为苏-27PU，1989年12月31日首飞，1991年重新命名为苏-30，第一架生产型苏-30于1992年4月14日首飞。1993年，苏-30MK（编号321）首次出现在阿联酋迪拜国际航空展上；此后，多次出现在智利、柏林和珠海等国际航空展上。

苏-30MK装备有2台涡轮喷气发动机，起飞滑跑距离550米，着陆滑行距离670米，装有空中加油系统，最大航程3000千米，空中一次加油后航行5200千米，两次加油后航行6900千米。该机具有航程远、续航能力强、全天候作战和超视距作战能力，既可单机作战，也可为苏-27指示目标。

该机核心电子设备为一部相控阵多普勒雷达。该雷达具有前后半球下视能力，对前半球空中目标的探测距离为80～100千米，对后半球目标的探测距离为30～40千米，可同时跟踪10个目标并引导导弹对其中一个最危

主要参数			
机　长	21.935 米	飞行速度	2120 千米/小时
翼　展	14.7 米	最大航程	3000 千米
机　高	6.36 米	实用升限	17300 米
乘　员	2 人	爬升率	230 米/秒
空　重	17700 千克	武器装备	1 门 30 毫米航炮，12 个外挂点
起飞重量	34500 千克（最大）		

俄罗斯苏-30MK 战斗轰炸机

险的目标进行攻击。此外，机上还装有导航系统、光电瞄准系统、敌我识别装置等电子设备。

苏-30MK右侧前翼装有1门30毫米GSH-301"卡什坦"航炮，备弹150发；共有12个外挂架，翼下8个，机身下4个，总载弹量8000千克，可挂10枚空对空导弹。近距离空战时，可携带6枚R-73红外近距格斗导弹，射程30千米；中距离空战时，可携带8枚P-27P和AA-12中距空对空导弹，射程90千米；远距离空战时，可携带P-33、P-37空空导弹，最大射程可达400千米。

对地、对海攻击时，可携带6枚反辐射导弹，6枚电视制导或激光制导炸弹（射程10～30千米），每枚重500千克，2枚射程为115千米的战术巡航导弹；以及10枚500千克或31枚250千克普通炸弹，8枚集束炸弹，或6具火箭发射器（30枚122毫米或120枚80毫米火箭弹）。反舰作战时，可携带X-31A主动雷达制导反舰导弹。

目前，装备有该机的国家主要有印度尼西亚（单座Su-30KI）、印度（Su-30MKI）、马来西亚（Su-30MKⅢ）、委内瑞拉（Su-30MKV）、越南（Su-30MK2V）、阿尔及利亚（Su-30MKA）。

（三）俄罗斯苏-34战斗轰炸机

苏-34是俄罗斯空军装备的新一代双发双座重型战斗轰炸机，绰号"鸭嘴兽"（Platypus），俄罗斯定义为前线轰炸机。该机由苏霍伊公司设计，在苏-27UB的基础上改进而成，并认为是替代苏-24战斗轰炸机和苏-25攻击机的首选机型。

1990年4月13日，第一架苏-27UB样机首飞；1995年，该机在巴黎航空展上展出；2006年10月12日，第一架生产型苏-34战斗轰炸机首次试飞；2006年12月12日，俄罗斯空军宣布正式列装，首批共有两架；2008年1月开始，苏-34开始批量生产；2010年，共有24架苏-34投入使用；2012年，俄军再次定购92架；预计2020年俄空军将装备200架。

除俄罗斯空军外，苏-34还有海军版本，称为苏-32FN，装备俄海军航空兵，作为岸基侦察攻击机使用，主要用于海上巡逻、反舰、潜艇及水雷等目标搜索，装备的"海蛇"机载无线电设备，可以发现和识别150～200千米内的海上目标。

苏-34机身在苏-27的基础上重新设计，后机身只稍做改进。外形与苏-27的主要区别在于其设计有独特的鸭嘴形扁平机头、并列双座式座舱、三翼面布局、加粗加长的尾锥和小车式主起落架。

该机安装有2台加力涡扇发动机，最大起飞重量45.1吨；机翼整体油

经典空战武器装备

箱容积约 15000 升，比苏 -27（苏 -27UB 约 11975 升）增加约 25%，座舱左前方安装有可收放的空中加油软管和夜间加油用照明灯，三次空中加油后最大飞行距离可达 14000 千米。

该机飞行员座舱设计非常人性化，飞行员可在座舱内直立起来进行放松运动，座椅有足够的空间让飞行员躺下来休息，座舱里还配备有热水瓶、微波炉，甚至还有 1 个厕所。另外，座舱为整体装甲钛合金座舱，装甲厚度 17 毫米，可有效提高飞机在低空作战时的生存能力。

苏 -34 的鸭嘴形机头上装有 1 部新型无源相控阵雷达，是该机"雷达综合瞄准系统"的核心，探测距离 200 ~ 250 千米，对空作战时可在"边扫描边跟踪"的状态下同时跟踪多个目标，并使用 R-77 或 R-27AE 空对空导弹同时对多个目标实施打击。飞机后部加大加长的尾锥内装有 1 部后视探测雷达，可向机组人员提供后方进攻目标告警，还具有"杀回马枪"的能力，控制 R-73 空对空导弹向前发射后自动向后拐弯攻击后方目标。

苏 -34 装备有 1 门 GSH-301 型 30 毫米航炮，射速 1500 发 / 分，备弹 180 发；机上共有 12 个外挂架，最大挂载能力 12000 千克，可携带多种武器，包括 SPPU-22GSH-236 型 23 毫米 6 管机关炮吊舱（备弹 140 发）、R-77（AA-12）型中距空对空导弹、R-73 型近距空对空导弹、Kh-29/L、KH-31P、KH-59、HK-59M、HK-15PM 等空对地（空对舰）导弹、FAB-250 系列制导炸弹、RBK-500 型子母弹、BETAB 型反跑道（混凝土）炸弹、PTAB-1M 型反坦克弹药、ShOAB 型反人员杀伤炸弹等。苏 -32FN 还可携带水雷、鱼雷等。

俄罗斯苏-34战斗轰炸机

主要参数	
机　　长	23.34 米
翼　　展	14.7 米
机　　高	6.09 米
乘　　员	2 人
空　　重	22500 千克
起飞重量	45100 千克（最大）
飞行速度	1.8 马赫
最大航程	4000 千米
实用升限	15000 米
武器装备	1 门 30 毫米航炮，12 个外挂点

第三章　战斗轰炸机

经典空战武器装备

（四）俄罗斯 T-50 战斗轰炸机

T-50 是俄罗斯空军装备的单座双发重型战斗轰炸机，由苏霍伊设计局研制，外形与苏 –27 有许多相似之处，具有隐身性能好、起降距离短、机动性能强、超音速巡航等特点，与美国 F-22 属同一个水平，但价格比 F-22 要便宜 50% 左右。

T-50 以 F-22 为假想作战对象，早期研制工作始于 20 世纪 80 年代；由于各种原因，试飞时间先后推迟到 2007 年和 2009 年 5 月；2010 年 1 月 29 日，首架原型机于俄罗斯共青城首次试飞；2011 年 8 月 17 日，在莫斯科国际航空航天展上公开亮相；2011 年 3 月 3 日，第二架原型机首次试飞；2012 年 8 月，第三架试飞；2012 年 12 月 2 日，第四架首飞。

T-50 机身扁平，机身横截面为椭圆形，全机主要由

主要参数			
机　长	19.8 米	飞行速度	2.3 马赫
翼　展	13.95 米	最大航程	5500 千米
机　高	4.74 米	实用升限	20000 米
乘　员	1 人	爬升率	350 米/秒
空　重	18000 千克	武器装备	1 门 30 毫米航炮（备弹 150 发），3 个内置式弹舱，14 个外挂架
起飞重量	35000 千克（最大）		

俄罗斯 T-50 战斗轰炸机

经典空战武器装备

钛铝合金和复合材料建造，其中钛铝合金占机身重量的75%，复合材料占总重的25%，覆盖70%面积；机鼻雷达罩在前部稍微变平；机翼和尾翼前后缘平行，可降低正前方和正后方的雷达反射特征；采用2个和F-22极为相似的外倾垂尾，以减少侧向镜面反射；保留有苏-27系列的尾锥设计，以便降低飞行阻力，以至于从后部看该机与苏-27几乎一模一样。

T-50安装有2台涡轮风扇发动机，最大起飞重量35吨，最高时速可达2600千米/小时，最大航程5500千米，在以27吨重量起飞时，最高飞行速度达1900千米/小时，超音速巡航速度可达1450千米/小时，作战半径1100千米，能在300~400米距离上起飞。

该机装备有全新的相控阵雷达，可发现400千米外的目标，能同时跟踪60个空中目标并打击其中的16个。此外，还装备有新型无线电侦察和对抗系统，可以在不打开雷达、不暴露自己的情况下，发现敌人并实施干扰。

T-50装备有一门"卡什坦"30毫米机关炮，备弹150发；共有14个外挂架；设有3个内置式弹舱，载弹量6000千克，可携带空对地导弹、反舰导弹、反辐射导弹、精确制导炸弹、巡航导弹等武器。每个弹舱可携带2枚远程空对空导弹、多枚超视距空对空导弹、多枚近程空对空导弹等，以及2枚空对地导弹、多枚250~500千克精确制导炸弹（每个弹舱最多10枚）或1枚1500千克炸弹。

(五)美国F-105战斗轰炸机

F-105是美国空军装备的第一种超音速战术战斗轰炸机,绰号"雷公"(Thunderchief),由美国共和公司(后来被费尔柴尔德公司收购)制造,主要任务是实施战术核攻击,也可外挂常规炸弹,执行对地攻击任务,并具有一定的自卫空战能力。

F-105的设计工作始于1951年,共有A、B、D、F、G等类型,共生产833架。其中,YF-105A为两架原型机,1955年10月22日,第一架YF-105A试飞;F-105B为昼间战斗轰炸机,共生产78架;F-105D为全天候战斗轰炸机,共生产610架;F-105F为F-105D的双座教练机,共生产143架;F-105G为F-105F改装版反雷达战斗轰炸机,绰号"野鼬III",改装数量约为61架。

该机采用全金属半硬壳式结构;机头罩顶端固定有空速管;前机身外形由机头罩的圆形过渡为椭圆形,由前设备舱、机炮舱、前轮舱、下设备舱和后设备舱组成;中机身上部有油箱,下部为炸弹舱,后面为发动机舱,后机身基本上是由桁条和蒙皮组成的半硬式结构,用四个螺栓与机身中段连接;机尾装四块花瓣形减速板;减速伞装在垂直尾后的伞箱内;机头上方设有空中加油装置。

该机电子设备主要有AN/ASG-19火控系统、R-14A单脉冲搜索瞄准雷达(最大有效探测距离64千米,最大跟踪距离18千米)、AN/ASQ-37通信、识别、导航系统,AN/ARW-73"小斗犬"导弹控制发射机,AN/APS-

经典空战武器装备

54雷达警戒系统，AN/APN-131"多普勒"导航系统，AN/APX-37敌我识别系统，AN/ARN-61仪表着陆系统，ANARN-62"塔康"导航系统，AN/ARN-48无线电罗盘；AN/ARC-70通信设备；AN/QRC-160电子干扰机（对地面距离50～75千米）。

F-105是美国空军20世纪60年代以前最大的单座单发战斗机，具有载弹量大、突防能力强、攻击性能好等特点，通常采用数架至数十架编队对目标发动攻击。前机身左侧装有1门20毫米的6管机关炮，备弹1029发；弹舱内可携带1枚1000千克或4枚110千克的炸弹或核弹；共有5个外挂架，中翼下方4个，机身下方1个，可携带核弹和常规炸弹、4枚AGM-12"小斗犬"空地导弹或4枚AIM-9空空导弹，最大载弹量6400千克。

F-105大量用于越南战争，是越南战争期间的主力机种，主要用于大规模轰炸。但该机空战性能较差，防空能力较弱，越南战争期间经常被米格-17和地面防空火力击落，被认为是"棺材机"之一，损失高达53%，战争后期逐渐被F-111战斗轰炸机所取代，到1984年2月25日所有的F-105退出现役。

美国 F-105D 战斗轰炸机

主要参数（F-105D）	
机　　长	19.63 米
翼　　展	10.65 米
机　　高	5.99 米
乘　　员	1 人
空　　重	12470 千克
起飞重量	23834 千克（最大）
飞行速度	2208 千米 / 小时
最大航程	3550 千米
作战半径	1250 千米
实用升限	14800 米
爬 升 率	195 米 / 秒
武器装备	1 门 20 毫米 6 管机关炮，机身弹舱 1 个，5 个外挂架

（六）美国 F-111 战斗轰炸机

F-111 是一种 20 世纪 60 年代美国空军装备的双座、双发、多用途、超音速、中距离战斗轰炸机，也是世界上最早的实用型可变后掠翼飞机，由美国通用动力公司研制，绰号"土豚"（Aardvark）。

20 世纪 60 年代，美国军方提出研制一种通用型战斗机，要求该机既要满足空军的对地攻击需要，同时还要满足海军舰队防空、护航的要求，用来替代空军 F-105D、F-4C 以及海军的 F-4B 战斗机。1962 年，研制工作全面展开。其中，通用动力公司承担了空军型 F-111A 的设计，格鲁曼公司承担了海军型 F-111B 的设计。

1964 年 12 月，由通用动力公司研制的第一架空军型 F-111A 原型机试飞，1967 年交付使用；1965 年 5 月，由格鲁曼公司研制的第一架 F-111B 原型机试飞，但由于机身过重，于 1968 年取消了 F-111B 的发展。从此，F-111 变成了纯粹意义的空军型飞机。

F-111 共有 A 型（攻击型）、B 型（海军型）、C 型（澳大利亚空军攻击型）、D 型和 E 型（A 型改进型）、F 型（基本同 D 型）、RF-111A（侦察型）、RF-111C（改进侦察型）、FB-111A（战略轰炸机）、FB-111H（战略轰炸机）、EF-111A（电子对抗型）等多个型号。该机几乎参加了越南战争、空袭利比亚、海湾战争等所有军事行动，共生产 562 架，1996 年 7 月 26 日退役，澳大利亚最后一批 F-111C 于 2011 年 12 月 2 日退役。

主要参数	
机　　长	22.4 米
翼　　展	19.2 米（展开），9.75 米（向后）
机　　高	5.22 米
乘　　员	2 人
空　　重	21400 千克
起飞重量	45300 千克（最大）
飞行速度	2655 千米/小时
最大航程	5950 千米
作战半径	2140 千米
实用升限	20100 米
爬 升 率	131.5 米/秒
武器装备	1 门 20 毫米机关炮，1 个机身弹舱，8 个外挂架

美国 F-111F 战斗轰炸机

经典空战武器装备

该机的主要优点是航程远、载弹量大、可全天候作战。机身采用半硬壳式金属结构；起落架为前三点式；采用了当时最新的可变后掠机翼技术，飞机的起降性能得到了有效改善；采用整体弹射座舱，而一般战斗机则采用弹射座椅；具有空中加油功能，受油口在座舱后的机身顶部。

安装有2台涡轮风扇发动机，最大平飞速度2.2马赫（11000米高），作战半径1100～2100千米（高-低-高），最大转场航程10000千米，起落滑跑距离900米，最大载弹量11250千克。

机上电子设备多次更新，装有惯性导航系统、塔康导航系统、飞行控制系统、通用计算机、火控雷达、雷达告警装置、敌我识别器、电子对抗干扰设备等。

装备有1门M61型6管20毫米机关炮，备弹2000发；机身弹舱长5米，可挂1枚1360千克炸弹；共有8个外挂架（部分型号6个），可携带普通炸弹、导弹和核弹，可挂6枚AIM-54"不死鸟"空对空导弹，后掠角为26°时最多可带50枚340千克炸弹或26枚454千克炸弹，后掠角为54°时可带18枚炸弹，后掠角为72.5°时可带10枚。主要包括20枚CBU-52、20枚CBU-59、20枚CBU-71、8枚CBU-71、8枚CBU-87、8枚CBU-89、20枚MK-20、4枚BL-755。

（七）美国 F-15E 战斗轰炸机

F-15E 是美国空军装备的双座、超音速、全天候战斗轰炸机，由麦克唐纳·道格拉斯公司研制，绰号"打击鹰"（Strike Eagle）。该机在 F-15 战斗机的基础上衍生而来，兼具对地攻击和空中作战能力，是一种双重任务战斗机，主要担负攻击敌方地面目标、战场封锁以及协同陆空作战等任务。

F-15A 型是单座战斗机，B 型是由 A 型改进的双座教练机，C 型是增加了载油量的 A 型改进型，D 型则是 C 型的双座教练机。1981 年 3 月，美国空军提出发展一种战斗轰炸机，用以替代 F-111。在与通用动力公司的竞争中，道格拉斯公司最后胜出。1986 年 12 月 11 日，F-15E 首飞；1988 年 4 月，第一架量产型飞机交付部队。

F-15E 是美国空军的主力战机之一，外形与 F-15D 基本相同，机长 19.43 米，翼展 13.05 米，高 5.63 米，空重 14.3 吨，具有对地攻击能力强、载弹量大、航程和作战半径远等特点。机上装备有 2 台涡扇发动机，最大起飞重量 36.7 吨，最大作战半径 1850 千米，最大载弹量 11113 千克，最大平飞速度 2.5 马赫，最大航程 3900 千米，实用升限 18200 米，海平面爬升率 254 米/秒。

该机电子设备主要有休斯公司的新型高精度 AN/APC-70 合成孔径雷达、IBM 公司的 CP1075C 中央计算机、霍尼韦尔 AN/ASK-6 大气数据计算机、数字式地图、GPS 接收机、环形激光陀螺惯性导航系统、夜间低空导航和红

经典空战武器装备

外瞄准吊舱等。

其中，APG-70合成孔径雷达探测距离139千米，对64千米距离处的目标方位分辨能力18米，对16千米距离处的目标方位分辨能力2.5米。夜间低空导航可将红外摄影机获取的前方影像投射在飞行员抬头显示器上；红外瞄准系统可对16千米外的目标进行标定，并将目标信息自动提供给红外制导空对地导弹或激光制导炸弹。

机上武器装备主要有1门20毫米M61-A1型6管机关炮（备弹510发），11个外部挂架，载弹量10400千克。空战时，可以携带数枚AIM-9"响尾蛇"近距空对导弹、AIM-7"麻雀"中距空对导弹、AIM-120中距空对导弹；对地攻击时，可携带反坦克导弹、反雷达导弹、集束炸弹、钻地炸弹、各种制导和常规炸弹，以及Mk-82、Mk-84、B-61核弹。

F-15E共有F-15I（出口以色列）、F-15K（猛击鹰，出口韩国）、F-15S/SA（出口沙特阿拉伯）、F-15SG（出口新加坡）、F-15F（出口沙特阿拉伯）、F-15U（出口阿联酋）、F-15H（出口希腊）、F-15S（超级鹰，出口日本）、F-15E+（超级鹰，F-15K升级版）、F-15SE（沉默鹰，具有一定雷达隐身功能的F-15E升级型）等多个型号。其中，F-15K"猛击鹰"共有15个外挂点，比美军的F-15E还多6个。

美国 F-15E 战斗轰炸机

主要参数（F-15E）			
机　　长	19.43 米	飞行速度	2655 千米 / 小时
翼　　展	13.05 米	最大航程	3900 千米
机　　高	5.63 米	作战半径	1850 千米
乘　　员	2 人	实用升限	18200 米
空　　重	14300 千克	爬升率	254 米 / 秒
起飞重量	36700 千克（最大）	武器装备	1 门 20 毫米 6 管机关炮，11 个外挂点

第三章　战斗轰炸机

（八）美国 F/A-18E/F 战斗轰炸机

F/A-18E/F 是美国海军最新型的超音速多用途舰载战斗轰炸机。该机由 F-18C/D 发展而来，E 型为单座，F 型双座，由麦道公司和诺斯罗普公司联合研制，比早期 F/A-18 长 1.3 米，机翼面积增大 25%，发动机推进力提高 35%，续航时间增加 50%，武器挂点增加 2 个，具有一定的隐身能力，绰号"超级大黄蜂"（SuperHornet）。

F/A-18E/F 是 F-18 家族中的一个成员。F-18 是一种舰载战斗机，A-18 是一种舰载攻击机，两者由同一原型机发展而来，只是武器装备上有所差别，统称为 F/A-18，绰号"大黄蜂"。1978 年 11 月 18 日，第一架 F-18 原型机首飞；1980 年 5 月，开始交付美军。

首架 F/A-18E／F 于 1995 年 9 月 18 日出厂，1995 年 11 月 29 日首飞；1998 年 11 月 6 日，首架量产型 F/A-18E／F 试飞；2000 年装备部队；2002 年 6 月开始在"林肯"号核动力航母上服役。

该机虽然源于 F/A-18C/D，但不亚于是一款重新设计的战斗机，具有良好的短距起降性能、突出的低空突防能力，特别是超常规的机动能力，其航电系统属于世界领先水平。该机从松开刹车到起飞离地，用时 13 秒，起飞滑跑距离仅为 365 米；可在离地 150 米的高度上以 860 千米／小时的速度高速飞行；从起飞到爬升至 5800 米高度，仅需 3 分钟时间。

美国 F/A-18F 舰载战斗轰炸机

主要参数（F/A-18E/F）			
机　　长	18.31 米	飞行速度	1.8 马赫
翼　　展	13.62 米（展开），8.38 米（折起）	最大航程	3330 千米
机　　高	4.88 米	作战半径	722 千米
乘　　员	1 人（E 型），2 人（F 型）	实用升限	15000 米
空　　重	14522 千克	爬升率	228 米/秒
起飞重量	29937 千克（最大）	武器装备	1 门 20 毫米 M61 火神式 6 管机关炮，11 个外挂架（最大载弹量 8050 千克）

该机装备有雷神公司设计和建造的 APG-79 有源相控阵雷达，具有海面搜索、地面移动目标指示、高保真测地合成孔径以及空对空搜索和跟踪四个工作模式，驾驶员可在 37 千米距离外看清机场跑道，使该机具备了优异的对地精确打击能力。

该机装备有 1 门 20 毫米 M61 火神式 6 管机关炮，备弹 570 发；共有 11 个外挂点，可携带 AIM-7、AIM-9、AGM-65、AGM-84、AGM-88、AGM-154、AGM-158 等，空空、空地导弹及反舰、反辐射导弹和联合攻击弹药。

经典空战武器装备

（九）美国 F-117A 战斗轰炸机

F-117A 是美国空军装备的单座、双发、亚音速、隐身战斗轰炸机。该机由美国洛克希德公司研制，绰号"夜鹰"（Nighthawk），主要使用激光制导炸弹对地面目标实施精确轰炸，特别是夜间攻击。

1978 年，F-117A 研制计划得到美国政府批准；1981 年 6 月，第一架原型机首次试飞；1983 年 10 月，生产型 F-117A 开始交付使用。F-117A 的研制、生产和装备情况过去一直是一个谜，直到 1988 年 11 月 10 日，美国军方才首次公布该机的照片，承认确有这种隐身战斗机存在，编号为 F-117A；1989 年 4 月，F-117A 在内华达州的内利斯空军基地公开面世；1989 年 12 月，F-117A 在入侵巴拿马战斗中首次投入使用。

该机外形十分奇特，就像是一只展翅腾飞的蝙蝠；机身为多角多面锥体，整个机身外形呈楔形状；尾翼采用 V 形设计，呈燕尾状；加油口位于机身背部；导弹、炸弹等武器全部藏在机身内，全机下方没有什么突出部和外挂物。

该机装有 2 台具有静噪功能的不加力涡扇发动机，进气口、进气道均采用防雷达反射设计，喷气口具有防红外辐射功能。但由于追求隐身功能，牺牲了发动机 30% 的动力，仅能保持亚音速飞行。

为了降低电磁波的发散和雷达截面积，F-117A 没有配备雷达，而是采用了一套导航/攻击飞行控制系统，计划攻击路线，激光照射目标，激光测定距离，自动地跟踪目标，红外探测瞄准，精确投弹攻击。

F-117A 共有 2 个机身弹舱，弹舱长 4.7 米、宽 1.75 米，2 个挂架最大挂载能力 2300 千克，可携带 2 枚 AGM-88A、AGM-65"小牛"空对地导弹，2 枚 900 千克的 BLU-109 激光制导炸弹，2 枚 GBU-10、GBU-12、GBU-15、GBU-27 激光制导炸弹，2 枚联合直接攻击弹药。

F-117A 自装备部队以来先后参加了入侵巴拿马、海湾战争、科索沃战争、阿富汗战争、伊拉克战争等多次军事行动，战果十分显著。1991 年的海湾战争中，F-117A 共出动 1290 余架次，无一受损。但是，在 1999 年的科索沃战争中，1 架 F-117A 首次被击落。2006 年，美国国防部决定将该机退出现役，2008 年 8 月全部退役。

主要参数			
机　长	20.09 米	空　重	13380 千克
翼　展	13.2 米	起飞重量	23814 千克（正常）
机　高	3.78 米	飞行速度	993 千米/小时
乘　员	1 人		
		最大航程	1720 千米
		最高升限	13716 米
		武器装备	2 个机身弹舱（各有 1 个挂架）

美国 F-117A 战斗轰炸机

经典空战武器装备

（十）欧洲狂风战斗轰炸机

狂风战斗机（Tornado）是一种由英国、德国和意大利联合研制的双座双发可变后掠翼战斗机。该机按功能分为对地攻击型（IDS）、防空截击型（ADV）、电子战与侦察型（ECR）三种型号。

1969年3月，该机设计工作全面展开；1974年8月14日，第一架原型机在德国首飞；1974年9月，命名为"狂风"；1974年10月30日，第二架原型机在英国首飞；1975年12月5日，第五架原型机在意大利首飞；1976年7月29日，第一批飞机投入批量生产；1979年6月5日，第一架对地攻击型交付英国皇家空军；1979年6月6日，第一架交付德国。

该机设计为串列双座式，进气道位于翼下机身两侧，采用铝合金整体加强蒙皮，机翼为可变后掠翼，尾翼为全动升降副翼，采用内置式方向舵和电传操纵系统。机上安装有空中加油受油装置，对地攻击型的受油探管位于机身右侧座舱附近，防空截击型位于机身左侧。

欧洲狂风 GR.4 战斗轰炸机

主要参数（狂风 IDS GR.4 型）	
机　　长	16.72 米
翼　　展	13.91 米
机　　高	5.95 米
乘　　员	2 人
空　　重	13890 千克
起飞重量	28000 千克（最大）
飞行速度	2400 千米 / 小时
最大航程	3890 千米
实用升限	15240 米
爬升率	76.7 米 / 秒
武器装备	2 门 27 毫米机关炮，7 个外挂架

经典空战武器装备

该机装有 2 台涡轮风扇发动机，最大起飞重量 28 吨。机上装有 2 套独立的液压系统，每台发动机驱动一套，该系统可操纵机翼、襟翼、缝翼、扰流板、减速板、全动平尾、方向舵、起落架和受油探管。两套系统有机械交联装置，可由一台发动机驱动。若两台发动机均熄火，第一套系统中有电动应急泵，仍能保证发动机冷点火。

GR.4 为对地攻击型"狂风"战斗轰炸机的升级版，主要装备英国皇家空军、德国空军、意大利空军，并出口沙特阿拉伯。该机于 1993 年 5 月 29 日首飞，1997 年 10 月 31 日交货，先后参加过科索沃战争、伊拉克战争和阿富汗战争。该机拥有各种通信、导航（攻击）、敌我识别、搜索雷达、电子干扰、照相侦察等电子设备，可保证飞机实施低空超音速突防，并有效攻击隐藏在浓雾中的目标。

该机装备有 2 门 27 毫米机关炮；共有 7 个外挂架，机身下 3 个，每侧翼下 2 个，最大挂载能力 9000 千克。可携带 2 枚 AIM-9 "响尾蛇"近程空对空导弹或 AIM-132 近程空对空导弹（英国产，飞行速度 3.5 马赫，有效射程 300～15000 千米，红外制导）、火箭发射吊舱、反舰导弹、空对地导弹、反辐射导弹、凝固汽油弹、反跑道炸弹、巡航导弹和 B61 核弹等。

三、战斗轰炸机背后的故事

经典空战武器装备

（一）世界上第一架无尾飞翼喷气式战斗轰炸机揭秘

提起美国的B-2隐身战略轰炸机，可谓家喻户晓、人人皆知。尤其是它那独特的无尾飞翼气动布局，更让美国空军自豪，就好像只有美国空军自己才掌握了无尾飞翼气动技术一样。然而，早在B-2问世的几十年前，一架和它外形非常接近的战斗轰炸机就已经出现了，这就是当时德国的Go-229喷气式战斗轰炸机。

德国Go-229战斗轰炸机是人类历史上第一架无尾飞翼喷气式战斗轰炸机。该机在当时可是绝对的前卫，更是纳粹德国的末日奇迹，堪称美国空军B-2隐身战略轰炸机的原型。德国战败后，Go-229在全世界只留存了一架。

1944年，战局对纳粹德国越发不利，尤其是对战局至关重要的制空权，完全掌握在美英空军的手中。纳粹空军司令戈林为此焦头烂额。为了夺回制空权，戈林把希望寄托在新式武器上。

Go-229出自雷玛·霍顿和瓦尔特·霍顿两兄弟之手。受凡尔赛条约限制，第一次世界大战后德国被禁止生产飞机（发动机），于是德国政府成立了滑翔机俱乐部。早在1930年早期，霍顿兄弟就对利用飞翼设计的构型来改善滑翔机性能的方案非常感兴趣。

他们认为，通过采用飞翼，取消机身水平尾翼和垂直操纵面的布局，才能最大程度地消除阻力，从而可以最大限度地提高飞机的速度。另外，可以通过副翼、襟翼和扰流片等部件，控制飞行方向，提高飞行的稳定性。为此，霍顿兄弟进行了大量试验。

1936年，霍顿兄弟加入德国空军，开始为纳粹空军服务。这使他们可以接触到当时纳粹空军很多最新科研技术，并结交纳粹空军高层人物。

1943年，霍顿兄弟开始了军用大型飞翼机的研制工作。1944年，面对美英空

军越来越大的压力，已经焦头烂额的纳粹空军最高指挥官戈林对霍顿兄弟的飞翼机全力支持。

1944年3月1日，"霍顿Ⅸ"计划的第一架无动力原型机试飞成功。接下来，纳粹空军开始进行有动力试验，动力机试验代号为"霍顿Ⅸ V2"。1944年12月18日，代号为"霍顿Ⅸ V2"的喷气动力飞翼机在德国奥拉宁堡进行第一次升空试飞。这次试飞取得圆满成功，试飞时雷达曾一度无法发现它。

"霍顿Ⅸ"的出色表现，令戈林喜出望外。与当时另一个项目"飞碟"比起来，"霍顿Ⅸ"更实用得多。于是，在还没有完成全部试飞科目的情况下，纳粹空军就迫不及待地订购了40架。这些飞机被交给一直配合"霍顿Ⅸ"计划的戈塔公司来生产，正式生产型号命名为Go-229。

为适应作战需要，厂家对原型机还进行了适当修改。设计出新的座舱，加装新型电子设备，为即将装备的机载雷达系统预留了位置，增大了发动机室的空间，调整了进气口几何形状，对起落架结构强度进行了加强。另外，由于Go-229的飞行升限太高，当时缺乏可靠的座舱增压系统，所以还专门研制了一种专用飞行服。这种专用飞行服乍看起来非常像后来的太空服。

Go-229A属于单座喷气式战斗轰炸机，乘员1人，机身长7.47米，翼展16.75米，机身高2.81米，空重4.6吨，全重9吨，最大航程3170千米，作战半径1900千米，巡航速度632千米/小时，最大速度997千米/小时，升限16000米。这些性能在当时是绝无仅有的，它不仅超过了当时盟军所有的活塞螺旋桨战斗机，而且还超越了德国另一种喷气式战斗机Me-262。

由于整个机体外部由大量胶合板构成，而且表面还喷涂了一种特殊涂层，再加上特殊的气动布局，Go-229A就是人类航空史上第一架准隐形喷气式战斗轰炸机。该机固定武器为4门Mk108型30毫米机关炮，另外还可携带2枚500千克重的炸弹，并计划在装备机载碟形雷达后加装世界上第一种实用型X-4（RK-344）空对空导弹。

从1945年春天开始，Go-229A开始在戈塔公司的工厂投产。如果一切顺利的经典空战武器装备

话,1945年8月双座装甲加强型Go-229B就可以投产。但是,当Go-229A开始顺利生产的时候,纳粹德国的末日也到来了。1945年4月14日,美军第9装甲师攻占戈塔公司位于弗雷德里奇斯洛达的工厂。20架还没有来得及完工的Go-229A和它的最新改进型"霍顿Ⅸ"V3.V4.V6一起落入美国人之手。同时,整条生产线和"霍顿Ⅸ"计划的全部技术资料也落入美国人的手里。

1945年12月,霍顿兄弟在Go-229的基础上还研制出Go-18。该机是Go-229的放大版,翼展42米,装有6台喷气式发动机,与Go-229一样具有隐形能力。德国预计在1946年能造出原子弹,戈林曾计划用它来运载原子弹,不过由于德国的战败,这个计划最终流产。

目前,Go-229在全世界只存留一架。该机被珍藏于美国国家航空航天博物馆,成为举世珍品。战后,雷玛·霍顿和其他许多德国人一样去了阿根廷,继续从事飞翼机的研究和设计工作,并于1994年在阿根廷去世。瓦尔特·霍顿则继续留在德国,后来加入西德空军,1998年在德国逝世。

(二)以色列偷袭伊拉克核反应堆

1981年6月7日,这一天刚好是星期日。14架以色列空军F-15、F-16悄悄出发,向伊拉克首都巴格达方向飞去。他们的目的是去偷袭伊拉克的核反应堆,此次军事行动代号为"巴比伦行动"。

以色列和伊拉克并不接壤,中间隔着约旦和沙特,攻击机群需要飞越约旦和沙特国界交接处,从伊拉克西部进入,才能攻击位于巴格达南郊17千米的奥斯拉克反应堆。但是距离约旦和伊拉克边境50千米处的"H-3"空军基地对空袭机群构成了重大威胁。于是,以色列导演出"借刀杀人",向伊拉克的对手伊朗提供了相关情报。

1981年4月4日,伊朗组织了一次代号为"凋谢利刃"的大型空袭,10架F-4战斗机对"H-3"基地进行了袭击,共炸毁、炸伤伊拉克飞机40多架。

1981年6月7日,耶路撒冷时间下午16时,西奈半岛埃齐翁空军基地。飞行员们已经坐进了座舱,地勤们开始做最后的准备工作。在战前部署任务的时候,这些飞行员已被告知,整个攻击机群在目标上空的时间只有3分钟,也就是说,每架F-16只有不到30秒的时间进行投弹。每架飞机只有一次攻击机会,如果攻击不成则必须返航,否则将拖累整个机组。另外,攻击机群必须避免同约旦空军交火,一旦受到干扰无法解决,则应该放弃任务返航。

机场上6架F-16A、2架F-16B战斗机停在跑道上,8架飞机分成两组。每架F-16的机翼下携带2枚装有延时引信的1000千克炸弹和2个1300升油箱,机腹下携带1个800升油箱。对于F-16来讲,此次往返距离一共2500千米,而且很长一段路程机群必须低空飞行,这已经是他们的极限了。

机场上空,担任护航任务的6架F-15战斗机已经起飞,紧跟其后的是E-2C预警机,最后F-16机群起飞。"巴比伦"行动正式开始。为了偷袭需要,以军战机全部涂上约旦飞机标记。攻击机群沿着约旦、沙特的边境飞行,似乎整个约旦、沙特和伊拉克的防空网都睡着了,机群没有收到任何电子告警信号,但是机群不敢有任何怠慢。

整个编队采取密集编队飞行,以色列飞行员将飞行高度控制在100米左右,速度750千米/小时。为了避免行踪暴露,编队严格保持无线电静默,飞机只有依靠自身的导航设备飞向目标。

沙特雷达曾发现并令其通报身份,以色列飞行员即以流利的阿拉伯语回答道:"是约旦空军,例行训练。"对方信以为真。当约旦雷达发现时,由于机群编队密集,在雷达屏幕上显示的图像只是一个模糊的亮点,很像一架大型运输机,以飞行员即用国际通用美语回答是"民航机",再次蒙混过关。

大约1小时过后,仪表显示机翼副油箱的燃油已经耗尽,应该扔掉副油箱了。几分钟内,F-16机群扔掉了副油箱,飞机加速至800千米/小时,面前已经是幼发拉底河和底格里斯河两河流域的绿洲。让以色列飞行员感到迷惑的是伊拉克的防经典空战武器装备

空导弹毫无动静,天上也没有出现飞机进行拦截。

18时10分机群进入伊拉克领空,攻击编队已经飞到了底格里斯河上空,前面就是巴格达市郊。距离巴格达40千米时,6架F-15分为3个双机编队,爬高到5000米高空,打开雷达,分别在最近的3个伊拉克空军机场附近盘旋监视,准备击落伊拉克的拦截机。

核反应堆位于巴格达西边17千米的艾它维塔镇。按照计划,攻击机群应当从西边绕过去,不让城里的居民发现他们,然后以一个大湖的湖心岛为拉起点爬升,从2800米左右的高度自西向东俯冲攻击。

然而令队长雷兹吃惊的是,大湖就在眼前,可是湖心岛却消失了!事后,他们才得知由于前一天底格里斯河水位上涨,湖心岛被淹没了。雷兹根本顾不上研究这一奇怪的现象,作为整个攻击编队的长机,他必须第一个准确投弹。他向东侧望去,在照片中看过无数次的核反应堆就在不远处,同沙漠中的模型相比,这个目标显然明显得多。

18时30分,雷兹将火控转为空对地模式,打开加力,将飞机速度提高至1000千米/小时,接着滚转180°调整飞机进入俯冲,然后滚转回来,保持以35°倾角正对着核工厂冲去。在1200米的高度,将投弹光环准确套住目标,耳机中传来"滴滴"的投弹提示声,雷兹迅速按下投弹按钮,2枚1000千克炸弹瞬间冲向核反应堆。

雷兹立刻向左压杆然后猛拉,做出规避导弹的机动,同时抛出热干扰弹和箔条干扰。不过下方传来的只是零星的高炮射击声,飞机上根本听不到防空导弹的告警声,由于逆光射击,炮弹只是到处乱窜。

余下F-16接踵而至,间隔5秒开始俯冲。当第二攻击小队进入时,整个目标区已经烟雾弥漫。每架飞机的延时引信时间设置都不一样,以保证将反应堆从里到外彻底摧毁。根据事先的计算,命中8枚炸弹即可达到摧毁目的,但是他们一共投下了16枚炸弹。仅仅3分钟内,伊拉克原子反应堆的圆形屋顶彻底坍塌,中心大楼被夷为平地,工厂厂房成为一片废墟,另外两座辅助建筑也遭到严重破坏,核反应堆被彻底摧毁。

第四章 攻击机

一、攻击机概述

攻击机,也称强击机,英文名称 Attack Airplane,国外也称之为近距空中支援飞机。攻击机外形与战斗机接近,通常装备有航炮、普通炸弹、制导航空炸弹、反坦克集束炸弹和空地导弹等武器,具有良好的低空操纵性、安定性和良好的搜索地面小目标能力,一般在其要害部位装有防护装甲,主要采取低空、超低空突防的方式,突击敌战术或战役浅近纵深内的地(水)面目标,直接支援地面部队作战。

经典空战武器装备

（一）攻击机的历史

攻击机最早起源于德国。1915年12月5日，由德国容克公司研制的容克JI型飞机实现首次试飞。容克JI型为双翼机，装有铝合金蒙皮和防护装甲，机上安有机枪，并携带少量炸弹，可对地面目标实施低空扫射和轰炸。后来，容克公司研制了更为先进的CLI-IV型攻击机，机上装有2～3挺机关枪，机翼由双翼改为下单翼，速度和机动性能有了较大提高。

20世纪30年代，德国又研制了当时称为"俯冲轰炸机"的容克-87和亨舍尔-123。第二次世界大战中，德国首先使用容克-87俯冲轰炸机用于直接支援地面部队作战，攻击对方的行军纵队和坦克。二战后期，德国人为这种飞机加装了防护装甲，配备口径37毫米的航空机关炮，专门用于低空反坦克作战。

二战爆发后，苏联、美国、日本等国也加入到研制攻击机的行列之中。苏联强调发展反坦克攻击机，美、日重点发展反舰鱼雷攻击机和俯冲轰炸攻击机。二战期间，苏联出动大量伊尔-2型攻击机，广泛用于支援地面部队作战。该机机身前部装有防弹钢板，装有机枪、机关炮、火箭弹，并能携带600千克航空炸弹。

德国容克-87B 攻击机编队

美国 A-10 攻击机编队

经典空战武器装备

二战结束后，攻击机进入到喷气时代。1954年6月，美国A-4舰载攻击机的第一架原型机首次试飞；1956年10月，开始装备美国海军。该机在吸取朝鲜战争经验的基础上研制而成，共有5个外挂架，可挂副油箱或各种武器，装有2门20毫米航炮，可对地面目标进行战术攻击和常规轰炸。英阿马岛战争中，阿根廷空军装备的A-4攻击机创造了击沉英国"考文垂"号导弹驱逐舰的奇迹。

20世纪50年代末60年代初，攻击机进入到第二代。其主要代表机型为美国的A-6"入侵者"舰载攻击机。该机由美国格鲁门公司研制生产，采用双座双发，是美国格鲁门公司研制生产的一种双座双发全天候高亚音速重型舰载攻击机。该机于1963年开始服役，在载弹量、续航距离、自动化程度、全天候作战能力等方面远远优于A-4攻击机。该机在越南战争中崭露头角，并在此后的多次局部战争中大显身手。

20世纪70年代，攻击机进入到第三代。1972年5月，美国新一代攻击机A-10首次试飞。1975年2月，苏联研制的反坦克攻击机苏-25首次试飞，该机机翼下方共有10个武器挂架，不仅可以携带各种空对地导弹、火箭弹、集束炸弹，还可以携带2枚空对空导弹，总载弹量达4.4吨。

这一时期，英、法联合研制的"美洲虎"攻击机和法国研制的"超军旗"攻击机也相继装备部队。特别是英阿马岛战争中，阿根廷空军装备的"超军旗"使用"飞鱼"反舰导弹，一举击沉英国现代化的驱逐舰"谢菲尔德"号后，更是创造了攻击机战史上的奇迹。

（二）攻击机的特点

一是低空作战能力强。攻击机主要用于直接支援部队作战，具有良好的低空和超低空稳定性和操纵性；具有良好的下视界，便于搜索地面小型隐蔽目标；装备有航炮、普通炸弹、制导炸弹、反坦克集束炸弹和空对地导弹等武器，具有强大的对地攻击能力。

二是装甲防护能力强。为了提高战场生存能力，攻击机的要害部位均装有防护装甲，以提高飞机在地面炮火攻击下的生存力。

三是起飞着陆性能好。攻击机对机场跑道要求不高，既可以在备用机场起降，也可在靠近前线的简易机场起降，具有较好的战场适应性。甚至部分攻击机，如英国的"鹞"式攻击机，还能够进行垂直短距起降。

四是飞行速度较慢。与战斗轰炸机采用低空高速飞行相比，除少数具有超音速飞行能力外，大多数攻击机飞行速度为亚音速，飞行速度相对较慢。

（三）攻击机的未来

一是向多用途化方向发展。随着科学技术的不断发展以及战场环境的不断变化，攻击机同战斗轰炸机一样，其地位可能会发生一些变化，在未来的空中战场上，单一用途的攻击机的地位将会有所下降，为此，攻击机不仅携带对地攻击武器，而且还将携带空对空导弹等空战武器。

二是向精确打击方向发展。随着精确制导技术的大量应用，攻击机除配备航炮、传统炸弹外，还将大量装备红外制导、激光制导、电视制导等精确武器，战斗效能将大幅度提高。

三是向提高战场生存能力方向发展。由于攻击机主要担负近距离空中支援任务，战场风险大，一方面将采用新型材料提高关键部位的防弹能力，或采用自封式油箱提高防爆能力；另一方面将广泛应用红外及电子干扰设备，甚至装备反辐射导弹用于攻击敌方侦察雷达，从而提高自身的战场生存能力。

二、经典攻击机

经典空战武器装备

（一）德国容克-87攻击机

容克-87是第二次世界大战期间德国空军使用的一种攻击机，德语名称Junkers Ju87，由德国容克公司研制和生产，也称为俯冲轰炸机，一般通称"斯图卡"（Stuka），取自俯冲轰炸机德文写法Sturzkampfflugzeug的缩写。

希特勒上台后，德国便突破《凡尔赛条约》的限制，开始大力发展空军。1933年，容克Ju 87攻击机的设计工作拉开序幕。1934年年底，在瑞典建造的第一架原型机被秘密运回德国；1935年9月17日，该机进行了首次试飞；1935年10月，完成研制。该机采用单发、双座设计，配有一台水冷式V形直列发动机，采用双弯曲的鸥翼形机翼，安装有固定式起落架，机身材料主要为杜拉铝和合金。因其具有大角度俯冲攻击能力、投弹精准、操作简单等特点，深受德国飞行员和德国空军部的青睐。在1936年的西班牙内战中，该机得到了实战检验，对西班牙政府造成了沉重的打击。

该机共有Ju87A、Ju87B-1、Ju87B-2、Ju87D、Ju87G1、Ju87R等多个型号，装备纳粹德国、意大利、匈牙利、罗马尼亚、保加利亚、斯洛伐克、克罗地亚等多个国家，总产量5752架。

该机机身长10.8~11.1米，翼展13.8米，机身高3.88米（Ju87B-1、Ju87B-2、Ju87R高4.01米）；装备有7.62毫米前置机枪2挺（Ju87A为1挺，Ju87G1还装有2门37毫米航炮），后机枪1挺；飞机空重2273 ~ 3900千克，起飞重量3324 ~ 6600千克；发动机功率720 ~ 1400马力，最大飞行

速度 310 ~ 410 千米/小时；携带炸弹 250 ~ 1800 千克。

第二次世界大战爆发后，该机大量投入到波兰、法国、英国、北非、苏联等战场上。在北非战场上，容克 87 俯冲轰炸联队历时两年用于支援隆美尔战斗，并负责攻击盟军的海上运输线；在斯大林格勒战役期间，容克 87 平均每天出动 500 架次，造成了苏军大量的伤亡与损失。

主要参数（Ju87D）					
机　　长	11.1 米	空　　重	3900 千克	实用升限	7285 米
翼　　展	13.8 米	起飞重量	6600 千克（最大）	爬升率	3.57 米/秒
机　　高	3.88 米	飞行速度	410 千米/小时	武器装备	2 挺 7.92 毫米机枪前置机枪，1 挺后机枪，炸弹 1800 千克
乘　　员	2 人	最大航程	1165 千米		

德国容克 -87B-2 攻击机

经典空战武器装备

（二）苏联伊尔-2攻击机

伊尔-2是苏联第二次世界大战期间生产的一种对地攻击机。该机由苏联中央设计局研制，俄文名称Ил-2，英文名称IL-2，别称斯图莫维克，被公认为第二次世界大战期间最好的对地攻击机，生产数量36183架，其中有1万多架在二战中损失。

1938年，苏联提出发展重型装甲攻击机的设计理念。1939年10月2日，按照这一理念设计的TsKB-55样机进行了首飞。该机共装有7.62毫米机枪5挺，其中机翼上装有4挺，座舱后部装有1挺；机翼内部设有弹仓，可携带100千克炸弹4枚，也可换成在机翼下吊挂2枚250千克炸弹。

最初，TsKB-55设计为双座低空攻击机，重4.7吨，装备一台米库林AM-35型（1350马力）活塞式发动机，军方称其为Bsh-2型，并要求以BsH-2的编号继续生产10架，将机翼下方2挺机枪换装2门23毫米PTB机关炮，供部队试用。

1940年春，TsKB-55完成飞行试验，但由于发动机动力明显不足，TsKB-55的速度、航程和装甲防护等各项指标均不令人满意。于是，在军方的干预下，该机改为单座机，并换装功率更大的AM-38发动机（1600马力），取消了后部的通用机枪舱，飞行员背部防护装甲厚度从7毫米增加到12.7毫米，机翼上的4挺机枪中有2挺换装为20毫

主要参数（伊尔-2Type3）			
机　　长	11.6米	飞行速度	414千米/小时
翼　　展	14.6米	最大航程	720千米
机　　高	4.2米	实用升限	5500米
乘　　员	2人	爬 升 率	10.4米/秒
空　　重	4360千克	武器装备	2门23毫米航炮（备弹2×150发），2挺7.62毫米机枪（备弹2×750发），1挺12.7毫米后机枪，炸弹600千克
起飞重量	6160千克（最大）		

苏联伊尔-2攻击机

米航炮，机翼上挂载既可对空又可对地发射的 8 枚火箭，还可挂载 400 千克的炸弹。

1941 年 3 月，该机开始批量生产，4 月命名为伊尔 -2。该机先后共有伊尔 -2、伊尔 -2M、伊尔 -2Type3、伊尔 -2Type3M 等型号，分别建造于 1941 年 3 月、1942 年 9 月、1942 年 12 月和 1943 年 3 月，采用一台 1600 马力 AM-38 和一台 1700 马力 AM-38F 发动机。

该机采用单活塞式三叶螺旋桨驱动；呈下单翼硬壳式布局；采用后三点式收放式起落架；由于采用单座设计，该机在实战中效果并不理想，机上仅有的一名飞行员难以胜任飞行和攻击的双重任务，后期型号为纵列双座封闭式座舱，并在后部加装有 1 挺机枪，其中伊尔 -2Type3M 装有 2 门 37 毫米航炮。

1941 年 7 月 1 日，伊尔 -2 在白俄罗斯贝尔齐纳河和博布鲁伊斯克地域首次投入作战。该型机机身涂有迷彩颜色，常常采用 4 机编队，在 800 米高度巡逻飞行，一旦发现地面目标，立即解散，使用火箭、航炮或机枪，轮番对敌方坦克装甲车等目标实施俯冲攻击，同时，低空俯冲时的刺耳呼啸声还给德军造成了极大的心理震撼。为此，苏军将伊尔 -2 誉为"飞行坦克"，德军士兵则称其为"黑色死神"。

（三）美国 A-4 舰载攻击机

A-4 攻击机是美国海军及海军陆战队装备的一种单座喷气式舰载攻击机（部分为双座），由美国道格拉斯飞行器公司设计，是美军 20 世纪 50 ~ 70 年代的主力战机，绰号天鹰（Skyhawk）。该机于 1952 年设计，1954 年 6 月第一架原型机 A-4D 首次试飞，1956 年 10 月开始服役，每个航母舰载机联队装备 15 ~ 20 架。

该机共有 A-4A、A-4B、A-4C、A-4E、A-4F、A-4K、A-4L、A-4M、A-4P、A-4Q、A-4S 等多个型号，主要用于对海上和沿岸目标进行常规轰炸，执行近距支援和浅近纵深战场遮断任务。除装备美军外，该机还出口至沙特阿拉伯、以色列、阿根廷、泰国、澳大利亚、新加坡等 8 个国家。1979 年 2 月，最后一架 A-4M 出厂，总产量 2966 架。

A-4 攻击机主翼采用三角翼设计，占用空间小，无需折叠即可停放于美国海军的航空母舰上。该机总体设计精巧、造价低廉、机动性能好、载弹量大、结构可靠、维护简单、出勤率高，战场生存能力强，加挂空对空导弹后还可以充当战斗机使用，但挂弹量少，载油量少，全天候作战较差，恶劣天气时着舰困难。

机上装备有 2 门航炮，新加坡的 A-4S 和以色列的 A-4N 装备的是 2 门 30 毫米航炮（备弹量 2×150 发），其他型号的为 2 门 20 毫米 MK12 航炮（备弹量 2×100 发）。该机 A、B、C 型每个机翼下各有 1 个外挂架，每个挂架最大挂载 907 千克；机身下方有 1 个外挂架，最大挂载 1636 千克。由 A-4B 改进的 A-4S 在每个机翼下增加 1 个外侧挂架，可挂"响尾蛇"空对空导弹。从 A-4E

经典空战武器装备

开始,每架飞机的外挂架增加到5个,每个机翼下方2个,机身下方1个;机翼下方内侧挂架除加挂武器外还可以加挂副油箱。部分机型带有空中受油设备。

A-4攻击机可以外挂的武器主要包括AIM-9"响尾蛇"空对空导弹、AGM-12"小斗犬"空对地导弹、AGM-45"百舌鸟"反辐射导弹、各种炸弹、LAU-10/A火箭弹发射器(每个装4枚127毫米火箭弹)、LAU-3/A火箭弹发射器(每个装19枚70毫米火箭弹)、深水炸弹、空投鱼雷和战术核弹等。

该机先后参加过越南战争、第四次中东战争以及英阿马岛战争。越南战争期间,该机经常保持出动率95%以上,并大量使用AGM-12"小斗犬"导弹用于攻击越南的交通枢纽、海上舰船、防空阵地、桥梁等目标,甚至有1架飞机在被4发37毫米高射炮弹击中后,仍然飞行370千米安全返回。

主要参数(A-4M)					
机　　长	12.22米	空　　重	4750千克	作战半径	1158千米
翼　　展	8.38米	起飞重量	11136千克(最大)	实用升限	12880米
机　　高	4.57米	飞行速度	1077千米/小时	爬升率	43米/秒
乘　　员	1人	最大航程	3220千米(带副油箱)	武器装备	2门20毫米机关炮,5个外挂架

美国A-4E攻击机

（四）美国 A-6 攻击机

A-6 攻击机是美国海军装备的双座、双引擎、亚音速、全天候重型舰载攻击机，由格鲁曼公司生产，原编号为 A2F，绰号"入侵者"（Intruder），是美国海军和海军陆战队 1963 年至 1997 年使用的全天候主力战机。

1957 年，格鲁曼公司研制的 A2F-1 样机在众多竞争者中脱颖而出；1959 年 4 月，与美军签订正式研制和初始生产合同；1960 年 4 月 19 日，首架原型机首飞成功；1963 年 7 月，开始服役；1997 年，全部退役。

该机先后有 A、B、C、E、F 和 A-6E/TRAM 等多个型号。其中，A-6A 于 1970 年 12 月停产，共生产 488 架。从 1969 年起，部分 A-6A 被改装成其他型号。其中，A-6B 共改装 19 架，加装有目标识别和截获系统，能携带标准型反雷达空地导弹；A-6C 共改装 12 架，加装 AN/AAS-28A 前视红外探测器和激光电视，夜间攻击能力有了较大提高。

A-6E 是美海军 20 世纪 70 年代的主要机型。该型机于 1970 年 11 月 10 日首次试飞，1972 年服役，1991 年停产，共生产 205 架。其后，又将 230 架 A-6A 改装为 A-6E。1974 年，美军在 A-6E 机首下方加装 AN/ASS-33（TRAM）目标识别攻击复合感应器，改造为 A-6E/TRAM 型，飞机探测、识别和攻击目标的能力大大提高。1988 年，所有 A-6E 全部改装成 A-6E/TRAM。

经典空战武器装备

A-6 攻击机采用普通全金属半硬壳结构；装 2 台发动机的机身腹部向内凹；采用可收放前三点式起落架，前起落架为双轮式，主起落架为单轮式，后机身腹部有着陆钩；驾驶员位于座舱左侧，轰炸领航员位于右侧，比驾驶员席稍后、稍低；座舱风档的前上方装有可收放的空中受油管。

该机没有装备固定机炮，仅挂载副油箱，28 枚 Mk-81（114 千克）或 Mk-82 "蛇眼"（227 千克）航空炸弹、13 枚 Mk-83（454 千克）航空炸弹、5 枚 Mk-84（908 千克）航空炸弹、20 枚 Mk-117（340 千克）航空炸弹、28 枚 CBU-78 激光制导炸弹，以及 AGM-65 空对地导弹、AGM-84E 空对地导弹、AGM-88 "哈姆"反辐射导弹、ALM-9L/M 空对空导弹、AGM-84 "鱼叉"导弹。

主要参数（A-6E）			
机　　长	16.64 米	飞行速度	1040 千米/小时
翼　　展	16.15 米	最大航程	5222 千米
机　　高	4.75 米	作战半径	1627 千米
乘　　员	2 人	实用升限	12400 米
空　　重	11630 千克	爬 升 率	38.7 米/秒
起飞重量	27500 千克（最大）	武器装备	5 个外挂架

美国 A-6E 攻击机

(五)美国 A-7 攻击机

A-7 攻击机是美国海军及海军陆战队装备的一种单翼、单座、亚音速、轻型舰载攻击机,用以替换 A-4 攻击机,绰号"海盗 2 式"(Corsair II),由美国凌·特姆科·沃特公司研制生产,并装备美国空军,主要用于执行对地/对海攻击、近距空中支援和空中遮断等战术任务。

1964 年 2 月 11 日,在与格鲁曼公司的竞争中,沃特公司以 F-8 "十字军战士"为基础设计的原型机胜出;3 月 19 日,军方与沃特公司签订制造 3 架原型机的合同;1965 年 1 月 15 日,该机完成最后设计;1965 年 9 月 27 日,首架原型机比预定日期提前 25 天首飞。

A-7 攻击机采用上单翼单座设计;进气口位于机头雷达罩下方;采用全金属半硬壳式机身;垂直尾翼根部有一根排油管,端部有天线,端部后缘切去一角;便于在航母上起降;采用可收放前三点式起落架,前起落架为双轮并装有弹射钩,机身下方装有着舰钩;油箱、发动机及座舱下方装有防护装甲;座舱还装有防弹风挡玻璃,可抗 12.7 毫米枪弹。

该机共有 A、B、C、D、E、K 等多种型号。该机除装备美国海、空军外,还出口希腊、葡萄牙等国家,至 1983 年停产时共生产各型 A-7 飞机 1569 架。

机上装有 AN/APQ-126(V)多用途雷达、AN/APN-190(V)多普勒雷达、飞行自动控制系统、航空母舰上自动降落系统、塔康导航系统、敌我识

别器、武器投放控制系统等电子设备。在各种电子设备的辅助下，A-7攻击机的投弹精度达到圆概率误差20米，在当时是相当高的水平。

A-7攻击机机身左侧下方有1门20毫米M61"火神"6管机关炮（A-7E备弹1280发）；机身和机翼下方共有8个外挂架（机翼下方6个、机身下方2个），可挂载多种武器，主要有2枚"响尾蛇"导弹、2枚AGM-45反辐射导弹、2枚AGM-62电视导引炸弹、2枚AGM-65小牛导弹、2枚AGM-88导弹、4具火箭发射舱、30枚Mark 80炸弹以及核弹。

主要参数（A-7E）			
机　　长	14.06米	飞行速度	1111千米/小时
翼　　展	11.8米	最大航程	2485千米
机　　高	4.9米	作战半径	1127千米
乘　　员	1人	实用升限	13000米
空　　重	8676千克	爬升率	28.8米/秒
起飞重量	19050千克（最大）	武器装备	1门20毫米M61"火神"机关炮，8个外挂点

美国A-7K攻击机

（六）美国 A-10 攻击机

A-10 是美国空军装备的一种双发、单座、亚音速空中支援攻击机，绰号"雷电"（Thunderbolt），俗称"疣猪"（Warthog），由美国费尔柴尔德（又译仙童）公司研制，是目前美国空军的主力近距支援攻击机，主要用于攻击坦克装甲集群、战场上的活动目标及重要火力点。

1966年9月，美国空军正式展开攻击机试验计划；1967年3月，美国空军向21家公司发出需求与征求专案计划书；1972年5月10日，由费尔柴尔德公司设计的第一架原型机 YA-10 和诺斯罗普公司设计的原型机 A-9 进行了第一次对比性试飞；1973年1月18日，经过280多次对比试飞后，美国空军宣布 YA-10 获胜；1975年10月21日，第一架生产型 A-10 首飞，并于同年开始装备部队。该机于1984年3月停产，生产数量713架。

A-10 主要有 A-10A（基本型）、A-10（观察型）、A-10B（双座教练型）、A-10C（最新改进型）四种型号。该机机头呈钝圆形，机腹平坦；采用平直下单翼，翼尖下垂，尾翼为悬臂式结构，水平尾翼呈矩形，垂直安装在平尾两端；其主要特征是 2 台发动机安装于机身后上部两侧，发动机外形短粗，呈圆桶形。

该机战场生存能力极强，驾驶舱及部分重要的飞控系统设备可承受穿甲弹或 23 毫米高爆弹的直接攻击；即使在失去一个引擎、一只尾翼、一个升降舵、一个主翼断掉一半的情况下，仍然可以继续飞行；机内共有 4 个自封式油箱，油箱相对独立且互不相邻，内外均覆盖有化学防火阻燃剂，可以防止油箱意外

经典空战武器装备

爆炸;两个引擎相隔较远,引擎与供油系统和机身之间设有防火墙及灭火系统。

机上装备有雷达告警接收机、导航计算机、惯性导航系统、塔康导航系统、武器控制系统、激光搜索和跟踪系统吊舱以及电子对抗吊舱等电子设备。配备有1门30毫米7管速射机关炮,射速2100~4200发/分,备有1174发贫铀弹;共有11个挂架,最大挂载能力7250千克,可挂各种对地攻击武器,典型挂弹方案为28枚Mk80炸弹、20枚"石眼"II集束炸弹、若干CBU-52/71/38/70子母弹箱、6枚"幼畜"空对地导弹和2枚"响尾蛇"空对空导弹、4个火箭发射架等。

主要参数(A-10A)			
机 长	16.26米	飞行速度	706千米/小时
翼 展	17.53米	最大航程	4150千米
机 高	4.47米	作战半径	467千米
乘 员	1人	实用升限	13700米
空 重	11321千克	爬升率	30米/秒
起飞重量	23000千克(最大)	武器装备	1门30毫米7管机关炮,11个外挂点(机翼下方8个,机身下方3个)

美国A-10攻击机

（七）美国 AV-8 攻击机

AV-8 是美国海军陆战队装备的垂直/短距起降攻击机，也是目前世界上最先进的亚音速垂直/短距起降攻击机，起飞距离仅为 F-16 的 1/3，绰号"海鹞"（Harrier），由英国航太公司设计，美国麦道公司制造，主要用于近距离空中支援。

该机共有 AV-8A、AV-8B、AV-8B+ 等型号。其中，AV-8A 为美国海军陆战队购买的英国鹞式 Mk50 垂直/短距起降飞机，第一架于 1971 年交付美国海军陆战队，1977 年全部交付完毕，购买数量 102 架；此后，美军又购买了 8 架用于训练。

AV-8A 服役后，海军陆战队发觉该机挂载能力和航程不足，决定对其进行改造。1983 年，由美国麦道公司和英国航宇公司联合研制的 AV-8B 开始服役。经过改进后的发动机推力增加 13.3 千牛（1357 千克），寿命也大大延长，航程增加 30 分钟，续航时间达 3 小时；座舱盖改为视野更加良好的水滴形；电子设备得到更新；7 个外挂架可挂"响尾蛇"近距空对空导弹、"小牛"反坦克导弹、普通炸弹、火箭弹等；作战性能得到明显增强。

1996 年，在 AV-8B 基础上改进的 AV-8B+ 开始服役。目前在役的型号为 AV-8B 和 AV-8B+，后者的主要不同之处是换装了由 F/A-18 退换下来的 AN/APG65 型攻击雷达。

经典空战武器装备

该机的主要武器装备有1门5管25毫米机关炮（备弹300发），以及6个外挂架。外挂的典型配置为：2枚或4枚AIM-9L"响尾蛇"、AGM-65"小牛"导弹，16枚227千克的普通炸弹，12枚集束炸弹，10枚"宝石路"激光制导炸弹，10个火箭发射吊舱以及AN/ALQ-164电子干扰吊舱等。

AV-8B的主要特点是起降距离短，便于机动、灵活、分散配置、不依赖永久性基地，但垂直起降时航程短、载弹量小、操纵较复杂、事故率较高，作战时亚音速飞行、低空攻击、易被击落，战损率较高。

主要参数（AV-8B）			
机　　长	14.12米	飞行速度	1083千米/小时
翼　　展	9.25米	最大航程	3300千米
机　　高	3.55米	作战半径	556千米
乘　　员	1人	起飞距离	435米（短距滑跑）
空　　重	6340千克	爬升率	74.68米/秒
起飞重量	14100千克（滑跑）、9415千克（短矩）	武器装备	2门5管25毫米机关炮（备弹2×300发），6个外挂点

美国AV-8B垂直/短距起降攻击机

（八）俄罗斯苏-25攻击机

苏-25是俄罗斯空军装备的一种亚音速近距离空中支援攻击机，由苏联苏霍伊设计局研制，北约代号"蛙足"（Frogfoot）。该机结构简单，防护装甲坚固，操作维护方便，战场生存性佳，战场适应能力强，可在恶劣环境下低空近距支援陆军作战，作战性能与美国A-10相当。

该机于1968年开始研制，1975年2月首飞，经过改进后于1981年正式投入批量生产，1984年装备苏联空军，总产量600多架，1992年交付完毕。该机先后参加了苏联入侵阿富汗战争、两伊战争、海湾战争、车臣战争、南奥塞梯战争等，其中在阿富汗战争中损失23架，海湾战争中有部分伊拉克飞行员驾机逃到了伊朗。

该机共有苏-25（单座）、苏-25T（反坦克型）、苏-25TK（反坦克出口型）、苏-25TM、苏-25UB（双座教练机）、苏-25UBK（苏-25UB的出口型）、苏-25UTG/UBP（库兹涅佐夫号航空母舰的舰载教练机）等型号，除装备俄罗斯空军外，乌克兰、白俄罗斯、伊拉克、伊朗、朝鲜等国也装备有该型飞机。

苏-25作战半径560～1050千米，作战高度30～5000米，在载弹的情况下，可与米-24武装直升机协同配合，支援地面部队作战，具有良好的低空机动性能；座舱底部及周围装有24毫米厚的钛合金防弹板，防护力较强；可在靠近前线的简易机场上起降，对机场要求不高；机翼下方可挂载"旋风"反坦克导弹，射程10千米，破甲厚度1000毫米。

经典空战武器装备

苏-25 安装有雷达告警系统、敌我识别器、箔条/干扰条投放装置、激光测距仪和目标指示器、对地攻击效果录像设备等；机身左侧装备 1 门 30 毫米双管机关炮；机翼下方共有 8 个外挂架（苏-25TM 有 10 个），挂载能力 4400 千克，可挂载航炮吊舱、燃烧弹、化学集束炸弹、制导火箭、激光制导反坦克导弹、激光与电视制导导弹、近程和中距空对空导弹等。

主要参数（苏-25）			
机　　长	15.53 米	飞行速度	975 千米/小时
翼　　展	14.36 米	最大航程	1850 千米，2500 千米（带副油箱）
机　　高	4.8 米	作战半径	560 千米（低空），1050 千米（7000 米高度）
乘　　员	1 人	实用升限	7000 米
空　　重	9800 千克	爬升率	58 米/秒
起飞重量	17600 千克（最大）	武器装备	1 门 30 毫米机关炮，11 个外挂点（苏-25 挂载能力为 4.4 吨，苏-25TM 为 6 吨）

俄罗斯苏-25 攻击机

（九）英法"美洲豹"攻击机

美洲豹（Jaguar），也称美洲虎，是一种由英国、法国联合开发的双引擎多用途攻击机。1964年4月，英法两国达成协议，由英国飞机公司和法国达索公司共同研发一款攻击/教练机。其中，英国负责翼面、机身后段、进气道，法国负责机身前段、起落架等，发动机则根据各自需求自行制造。

该机主要担负近距离空中支援、战场空中遮断、战术侦察以及教练飞行等任务。其中，英国空军主要用于攻击敌方舰艇、袭击敌空军基地、轰炸敌地面目标等近距离支援任务，法国则主要用于压制敌方雷达和防空兵器，并执行为核轰炸机开路的任务。

该机共分为单座攻击型和双座教练型，主要型号有A、B、E、M、S和"国际型"6种。其中，A型为法国单座攻击机；B型为英国双座高级教练机；E型为法国双座高级教练机；S型为英国单座战术攻击机，英国于1983年加装FIN1064惯性导航系统后，改名为"美洲虎"；M型为法国舰载攻击机，生产数量有限，未大规模投产；"国际型"为出口型。

1968年9月，首架A型原型机在法国试飞成功；1971年8月，B型机试飞成功，同年首架量产型也试飞成功；1973年6月，交付英国空军；1975年5月，交付法国空军。该机共生产573架，其中，英国203架、法国200架、印度116架、阿曼24架、厄瓜多尔12架、尼日利亚18架。

"美洲豹"A、S型装有2门30毫米机关炮；共有5个外挂架，左右机

经典空战武器装备

翼下方各2个，机身下方中央1个，最大挂载能力4535千克。典型的配备为：1枚"马特尔"AS-37反辐射导弹和2个1200升油箱；8枚454千克炸弹；BL755和CBU-87集束炸弹；"魔术"空对空导弹；空对地火箭发射器；侦察吊舱。此外，法国空军A型还能携带AN52战术核弹。双座型（B、E型）与单座型武器基本相同，必要时也可以执行作战任务。

1978年，印度政府正式决定引进国际型"美洲虎"。该机配备有2门30毫米"阿登"航炮（备弹2×150发）；7个外挂点（挂载4763千克），主要包括"魔术"或"响尾蛇"空对空导弹、"飞鱼"或"海鹰"反舰导弹、激光制导炸弹、普通炸弹、集束炸弹、反机场炸弹、火箭发射器、凝固汽油弹、"杜兰德"突防炸弹。

主要参数（美洲豹A）					
机　　长	16.83米	空　　重	7000千克	作战半径	908千米
翼　　展	8.68米	起飞重量	15700千克（最大）	实用升限	14000米
机　　高	4.89米	飞行速度	1.6马赫（高度11000米）	爬升率	101.6米/秒
乘　　员	1人	最大航程	3524千米	武器装备	2门30毫米机关炮，5个外挂点

法国空军"美洲豹"攻击机

(十)法国"超军旗"攻击机

"超军旗"是法国海军装备的舰载攻击机,由法国达索飞机公司研制。该机源于法国军旗Ⅳ-M攻击机,用以取代"美洲豹"M型舰载攻击机,主要担负远程对海攻击、对地近距空中支援、舰队防空、照相侦察等任务。

20世纪60年代末,该机设计工作开始启动;1974年10月28日,第一架原型机首飞;1975年3月28日,第二架首飞;1975年3月9日,第三架首飞;1977年11月,第一架生产型飞机首飞;1978年6月,首批60架交付使用;1979年1月,该机开始在"克莱蒙梭"航空母舰上服役;后来,陆续装备在"福煦"号航母和"戴高乐"号核动力航母上。

该机采用45°后掠角中单翼设计,翼尖可以折起,机身呈蜂腰状,后掠式平尾置于立尾中部;装有一台涡轮喷气发动机,高空最大飞行速度1380千米/小时,低空最大飞行速度1204千米/小时。

机头上安装有一部"龙舌兰"单脉波雷达,对空搜索有效距离28千米,对海搜索距离110千米,可在40~55千米距离上发现巡逻艇大小的水面船只;配有ETNA惯性导航/攻击系统,是法国第一种配有惯性导航系统的飞机,在没有陆上固定参照物的情况下,每小时飞行误差不超过2200米。

机上装有2门30毫米机关炮(备弹2×125发);共有5个挂架,机身下方1个,机翼下方4个,挂载能力2100千克,可挂2枚"飞鱼"反舰导弹

经典空战武器装备

或"魔术"空对空导弹,以及炸弹、火箭弹等武器。执行攻击任务时,典型配置为:6枚250千克炸弹(机腹挂架挂载2枚)或4枚400千克炸弹(翼下挂架挂载)或4具LRI-50火箭发射器(每具可容纳18枚68毫米火箭)。另外,机身下挂架还可携带空中加油设施或1枚1.5万吨当量的AN52战术核弹。

法国原计划建造125架"超军旗"攻击机,但因财政困难,采购数量减至71架。1981年,阿根廷向法国订购14架"超军旗",但在英阿马岛战争爆发前,实际交付了5架。马岛战争中,正是这种飞机使用飞鱼导弹击沉了英国"谢菲尔德"号驱逐舰,而且"超军旗"攻击机完好无损。

主要参数			
机 长	14.31米	飞行速度	1180千米/小时
翼 展	9.6米	最大航程	3400千米
机 高	3.85米	作战半径	850千米
乘 员	1人	实用升限	13700米
空 重	6460千克	爬升率	100米/秒
起飞重量	11500千克(最大)	武器装备	2门30毫米机关炮,5个外挂点

法国"超军旗"舰载攻击机

三、攻击机背后的故事

经典空战武器装备

致命的天鹰

A-4"天鹰"是美国道格拉斯公司为美国海军研制的攻击机之一。该机于1954年首次飞行,是20世纪50年代初至70年代末美国海军和海军陆战队攻击机中队的主力,是美国在越南战争中出动架次最多的飞机。

阿根廷是第一个购买"天鹰"的海外国家。1965年,阿根廷与美国签署协议购买75架天鹰A-4B。1966年交付了25架天鹰A-4B,1970年交付了第二批的25架,最后的25架于1971年交付。1971年,阿根廷购买了额外的16架双座天鹰A-4BS,主要用于海空军飞行员的培训。

5月25日是阿根廷国家独立纪念日。当天,阿根廷出动3个"天鹰"攻击机中队和2个"幻影"3型战斗机中队,直扑圣卡洛斯港附近的英军舰队与登陆部队,对英军阵地进行轮番轰炸和扫射。英军"无敌"号和"竞技神"号航空母舰上也派出了鹞式飞机进行空中拦截,双方展开了激烈空战。

当天下午,英军派出"大西洋运送者"号运输船向圣卡洛斯港靠近,准备为登陆的英军提供弹药和补给,并出动"考文垂"号驱逐舰担负护航任务。"考文垂"号是英国42级防空导弹驱逐舰的第6艘,和"谢菲尔德"号属于同级舰。

该舰是英军特混舰队的主要战舰之一,装备1座MK-8型单管114毫米主炮,1座双联装"海标枪"中程舰空导弹发射装置,1架"山猫"反潜直升机,2座MK-32型三联装324毫米鱼雷发射管,1部远程对空搜索雷达、1部中程对空/对海搜索雷达。就在前一天,该舰还使用"海标枪"导弹击落了5架阿根廷飞机。

很快,阿根廷雷达发现这2艘英国军舰,于是决定将其摧毁。为了引开英军航空母舰上的鹞式战斗机,阿根廷空军采取了高空佯动、低空突袭的战术,首先派出16架"天鹰"攻击机组成佯攻机群,从高空浩浩荡荡杀了过来。这一招果然见效,英军"竞技神"号航空母舰上的12架鹞式战斗机迅速升空拦截。

发现"鹞"式战斗机过来后，阿军的A-4攻击机群并未全力发动攻击，而是且战且退，引导英军飞机渐渐离开了圣卡洛斯港近。此时，等待已久的阿军2架"超军旗"攻击机、3架"幻影"战斗机和4架"天鹰"攻击机像离弦的弓箭一般，迅速从超低空向英军舰船冲了过去。

在距"大西洋运送者"号运输船35千米时，阿军"超军旗"式战斗机向"大西洋运送者"号发射2枚"飞鱼"导弹，转瞬间，这艘18000吨的海上巨人浓烟四起、火光冲天，渐渐沉入海底。与此同时，2架A-4攻击径直扑向"考文垂"号驱逐舰。

"考文垂"号上虽然安装有"海标枪"对空导弹发射架，但一次只能攻击一个目标。此时，"考文垂"号防空导弹反应慢的缺点明显暴露出来。A-4"天鹰"抓紧时机，采用超低空水平轰炸战术，接连投下4颗450千克高爆炸弹，炸弹全部命中。"考文垂"号当场爆炸下沉，舰上20多名船员丧命，其余的人员则弃舰逃生。

然而，阿军的攻击并未就此结束。在马岛东面，两个4机编队的"天鹰"攻击机群也同样采取超低空飞行的方式，向担任警戒的英军"大刀"号护卫舰飞了过来。"大刀"号反应及时，立即发射"海狼"式防空导弹进行拦截，2架A-4攻击机应声栽了下来。但余下的"天鹰"攻击机仍全然不顾危险，奋勇向"大刀"号扑了过去，发射的炸弹将"大刀"号舰尾击穿，一架停在甲板上还没来得及起飞的"大山猫"直升机也被炸毁。

5月25日，英军舰队受到了重大损失。英国人不得不承认，阿根廷空军驾驶员的确非常勇敢。英国水兵们则把这一天称作"黑色星期五"。在整个马岛海空大战中，"天鹰"共取得击沉5艘英舰，击伤数艘的辉煌战果。但也遭受了巨大的损失，共计35架阿根廷A-4"天鹰"被击落。

第五章 侦察机

一、侦察机概述

侦察机,是一种专门从空中进行侦察、获取情报的军用飞机,是现代战争中的主要侦察工具之一,英语名称 Reconnaissance Airplane。

侦察机一般不携带武器,通常装备有航空照相机、雷达、电视、红外、激光等侦察设备,有的还装有实时情报处理设备和传递装置用来获取和传递情报。

经典空战武器装备

（一）侦察机的历史

飞机诞生之后，最早投入战场执行的任务就是进行空中侦察。刚开始，侦察任务非常简单，往往是派一个人坐在飞机里，探头向下张望，看敌人在哪里，在干什么。后来，又把照相机安到飞机上，于是就有了照相侦察机。

1910年6月9日，法国陆军的玛尔科奈大尉和弗坎中尉驾驶着一架亨利·法尔曼双翼机进行了世界上第一次试验性的侦察飞行。这架飞机本来是一架单座飞机，弗坎中尉钻到驾驶座和发动机之间，手拿照相机对地面的道路、铁路、城镇和农田进行拍照。因此，这架飞机可谓世界上最早的侦察机。

第一次世界大战的侦察飞行发生在1910年10月爆发的意大利与土耳其的战争中。10月23日，意大利皮亚查上尉驾驶一架法国制造的布莱里奥X1型飞机从利比亚的黎波里空军基地起飞，对土耳其军队的阵地进行了肉眼和照相侦察。此后，意军又进行多次侦察，并根据结果编绘了照片地图册。

第一次世界大战爆发后，欧洲各交战国都很重视侦察机的应用。在大战初期，德军进攻处于优势，直插巴黎。1914年9月3日，法军的一架侦察机发现德军的右翼缺少掩护，于是法军根据侦察得来的情报，趁机反击，发动了意义重大的马恩河战役，终于遏止了德军的攻势，扭转了战局。

第二次世界大战中，侦察机应用更为广泛，出现了可进行垂直照相及倾斜照相的高空航空照相机和雷达侦察设备。如美国将16架B-17F轰炸机的

德国"极光"侦察机

轰炸装备拆除,在机鼻和后机身安装照相侦察设备,用于执行远程侦察任务。第二次世界大战末期还出现了电子侦察机。

20世纪50年代,侦察机的性能明显提高,飞行速度超过了音速,还出现了专门研制的战略侦察机,如美国的U-2。

20世纪60年代,出现了飞行速度达音速3倍、飞行高度接近3万米的所谓"双3"高空高速战略侦察机,如美国SR-71和苏联的米格-25,其飞行速度令当时的战斗机都望尘莫及。

经典空战武器装备

　　20世纪80年代初期,侦察机开始从有人驾驶向无人驾驶方向发展,无人驾驶侦察机得到更广泛的应用。21世纪初期以来,世界上兴起了研制无人驾驶侦察机的热潮。

日本 RF-4E 侦察机

（二）侦察机的特点

一是飞得高、速度快。高度和速度是侦察机成功进入对方领空或控制区域的关键。因此，为了防止被对方发现，特别是遭到对方战斗机的拦截以及地面防空火力的打击，侦察机一般都飞得很高、很快。

二是侦察手段多样。现代侦察机的机载设备种类较为丰富，通常装有航空照相机、前视或侧视雷达和电视、红外线侦察设备，许多侦察机还装有实时情报处理设备和传递装置，不仅侦察手段多样，而且可以实时传递情报。

三是防护能力较差。通常情况下，侦察机都不携带武器，一旦被对方发现，由于其机动能力相对较差，特别是缺少相应的攻击性武器，战场生存能力较弱。因此，部分侦察机采用侧视侦察技术，或者在对方的国境线以外侦察。

（三）侦察机的分类

按照侦察任务的性质，侦察机可分为战略侦察机和战术侦察机；按照机载装备，侦察机可分为照相侦察机和雷达侦察机；按照操纵方式，侦察机则可分为有人驾驶侦察机和无人驾驶侦察机。

（四）侦察机的未来

一是大力发展无人侦察机。由于有人驾驶侦察机体积较大，执行任务时机上人员要冒着生命危险。因此，世界上许多国家都在大力发展无人侦察机，用于在危险地区执行侦察任务。

二是侦察与攻击一体化。为了提高侦察机的防护能力，侦察机将配备导弹、炸弹等攻击性武器，以便在己方战斗机、轰炸机没有到来之际，能够在第一时间对重要目标实施打击。

三是提高侦察机的隐身性能。为了提高侦察机的生存能力，减少被对方发现的概率，侦察机将大量采用隐身材料，并广泛采用隐身化外形设计。

二、经典侦察机

经典空战武器装备

（一）美国 U-2 侦察机

U-2 是 20 世纪 50 年代中期美国空军装备的一种单座单发高空侦察机，绰号"蛟龙夫人"（Dragon Lady）和"黑寡妇"。该机由美国洛克希德·马丁公司研制，是冷战时期美国空军和美国中央情报局 CIA 侦察对方战略目标的秘密武器，如今仍可作为战术侦察机使用。

冷战时期，为了摸清以苏联为首的社会主义阵营的情况，美国决定研制一款高空侦察机，具体工作由中情局负责，美国空军提供尽可能的帮助。为了保密，美国官方没有采用传统的命名方法，如 F 代表战斗机、B 代表轰炸机、R 代表侦察机，而选用了 U-（utility，多用途）这个代号，将代号 CL-282 的设计蓝图命名为 U-2。

1955 年 8 月 4 日，第一架原型机试验首飞；1956 年 5 月，首批 4 架 U-2 侦察机开始服役；1956 年 7 月 2 日，开始执行侦察任务；1956 年 7 月 4 日（美国独立日），

主要参数（U-2S）			
机　　长	19.2 米	最大起飞重量	18100 千克
翼　　展	31.4 米	最高飞行速度	805 千米/小时
机　　高	4.88 米	最大航程	10300 千米
乘　　员	1 人	实用升限	21300 米
空　　重	6760 千克	续航时间	12 小时

美国 U-2 侦察机

U-2飞越苏联领空，7月5日对莫斯科进行侦察；1958年3月，开始对中国进行侦察；1960年5月1日，首次在苏联被击落，由此U-2飞机公布于世；1962年9月9日，U-2首次在中国被击落。

U-2侦察机共有A、B、C、D、R、S型。其中，A为最初量产型；B、C为改进型，发动机推力得到提升；U-2E/F加装有受油设备，留空时间长达14小时；U-2D为双座侦察机，第二名飞行员负责照相舱的工作；U-2G为舰载侦察机，可在航母上起降；U-2R换装有新型发动机，外形比早期型号大约1/3，空中不加油情况下可飞行15小时，可以分辨10厘米大小的物体；ER-2为U-2的改装型，作为美国国家航空航天局（NASA）研究机用于大气的测量使用。U-2S加装有移动目标显示器。

为避免反射阳光，U-2外表涂成黑色。该机机身十分细长，机翼具有滑翔机特征，对侧风非常敏感，失速速度与最高速度只相差9千米/小时，被认为是最难操纵的军用飞机，飞行员的总数不超过850名。与其他飞机的典型三点式起落架不同，该机起落架只有2个，为了保持滑行时的平衡，翼下装有一对可抛弃式辅助轮，当飞机起飞后由地勤人员回收再用；飞机降落时，一侧机翼首先着地，地勤人员再将辅助轮装上，尔后飞机自行滑走。

作为照相侦察机，U-2装备有8台照相侦察用的全自动照相机，可全天候工作；4部电子侦察用的雷达信号接收机、无线电通信侦收机、辐射源方位测向机和电磁辐射源磁带记录机，所用的胶卷3.5千米长，拍摄范围为宽200千米、长5000千米，可冲印照片4000张。

（二）美国 SR-71 侦察机

SR-71 是美国 20 世纪 60 年代生产的双座双发高空高速战略侦察机，绰号"黑鸟"（Black Bird），由美国洛克希德公司研制。

该机于 1963 年 2 月开始研制，1964 年 12 月 22 日首飞，1966 年 1 月装备空军第 4200 战略侦察联队（后改番号为第 9 战略侦察联队），1990 年曾经退役，1995 年重新服役，并于 1997 年展开飞行任务，1998 年永久退役。

SR-71 是第一种采取隐身设计的飞机，机体主要由钛合金制成，占机体总重的 93%，外表涂成暗蓝色（趋近黑色），以降低热辐射及增加高空的伪装效果。座舱呈纵列式，机上共有飞行员和系统操作手 2 人，由于 SR-71 的飞行高度和速度均超出人体可承受的范围，两名乘员必须穿着全密封的飞行服，看上去外观与宇航员类似。

该机气动外形为三角翼、双垂尾，装有 2 台涡轮喷气发动机，发动机布置在机翼上。

SR-71 可谓世界上最快的飞机。1974 年 9 月 1 日，SR-71 从纽约飞到伦敦仅用了 1 小时 54 分 56.4 秒，而超音速协和式客机需要 3 小时 20 分，亚音速波音 747 客机则需要 7 小时。1976 年 7 月 28 日，SR-71 创下了飞行速度 3529.56 千米/小时和飞行高度 25929 米的两项纪录。1998 年，当 SR-71 退役时，一架 SR-71 以平均时速 3418 千米从美国空军第 42 号工厂飞到国家航太博物馆进行陈列展览。

经典空战武器装备

SR-71装备有卫星导航装置、激光测距装置、电子对抗装置、合成孔径测视雷达、高分辨率照相机、红外和电子探测器等机载设备,一小时内可完成对面积324000平方千米地区的光学摄影侦察任务。

冷战时期,SR-71经常飞行的路线包括:美军冲绳嘉手纳基地—北朝鲜;土耳其—苏联高加索地区;菲律宾—中国兰州。该机共生产32架,由于比大多数战斗机和防空导弹都要飞得高、飞得快,因此出入别的国家领空如入无人之境,在实战记录中,没有一架被击落。

主要参数(SR-71A)

机 长	32.74米	爬 升 率	≥60米/秒
翼 展	16.94米	最大起飞重量	78000千克
机 高	5.64米	最高飞行速度	3.3马赫
乘 员	2人	最 大 航 程	5925千米
空 重	30600千克	实 用 升 限	25900米

美国SR-71侦察机

（三）美国 P-2V 侦察机

P-2V 侦察机绰号"海王星"（Neptune），是 20 世纪 50 ~ 60 年代世界海军使用最多的陆基型海上巡逻机，也是西方第一种专为海上巡逻设计的陆基型飞机。该机由美国洛克希德公司研制，后来改装成电子侦察机，主要担负海上巡逻、侦察和反潜等作战任务。

P-2 原型机的设计工作始于 1941 年，20 世纪 40 年代称为 P-2V。但是，由于当时洛克希德公司忙于生产 PV-2"鱼叉"海上巡逻机，所以 P-2V 的试制工作被推迟至 1944 年春，1945 年 5 月二战接近尾声时，1 号原型机 XP-2V-1 才进行试飞。

该机共有 P-2V-1 ~ 5、P-2E、P-2F、P-2G、P-2H、LP-2J、P-2J 等多种型号。其中，P-2V-1 和 P-2V-2 型是纯粹的海上巡逻和攻击机，P-2V-1 为第一批生产型，装有 6 挺 12.7 毫米机枪，机腹弹舱中可挂 2 枚 950 千克鱼雷或 12 颗深水炸弹；P-2V-2 装有 6 门 20 毫米机关炮，机身上方与尾部各装 1 挺双联装 12.7 毫米机枪。

P-2V-3 加装有反潜武器，并有 11 架改装为 P-2V-3C 舰载试验机，后期的 P-2V-3 在机身下装有搜索雷达，称为 P-2V-3W 雷达巡逻预警机；P-2V-4 也称 P-2D，装有 APS-20 雷达，并加装电波源探测仪用来搜寻目标；P-2E 是全面改进设计的标准反潜机，产量 424 架，翼下加装 2 台喷气发动机；P-2F 为反潜兼布雷机；P-2J 装备日本海上自卫队，装有 APS-80 雷达，性

美国 P-2V 海上巡逻侦察机

能与 P-3B 反潜机不相上下。

该机装备有当时世界上最先进的多种电子侦察装置，乘员多达 15 人，续航时间长达 15 个小时，可利用对方雷达盲区，实施夜间低空飞行。由于装备两种发动机，当遭到喷气式飞机拦截时，可改用螺旋桨动力，在 300 米以下的高度飞行，有时甚至低至几十米，喷气式战斗机拿它没办法；当遭到螺旋桨飞机拦截时，P-2V 的全景搜索雷达可在 400～900 米的高度，清楚地判断 10 千米以内的地形，帮助它沿着山谷飞行，一般的螺旋桨飞机同样拿它没办法。

主要参数（P2V-7）			
机　　长	27.94 米	最大起飞重量	35240 千克
翼　　展	31.65 米	最高飞行速度	586 千米/小时
机　　高	8.94 米	最大航程	3540 千米
乘　　员	7~9 人	实用升限	6827 米
空　　重	22650 千克	武器装备	70 毫米火箭吊舱，3629 千克以下炸弹、深水炸弹

第五章　侦察机

经典空战武器装备

（四）美国 P-3 反潜巡逻机

P-3 反潜巡逻机是美国海军装备的一种海上巡逻和反潜飞机，绰号"猎户座"（Orion）。该机由美国洛克希德公司设计生产，在依列克特拉民航货机的基础上研制而成，用来取代 P-2 巡逻机，主要用于海上巡逻、侦察和反潜作战。

该机于 1957 年开始设计，1958 年中标，1958 年 8 月 9 日气动原型机首飞，1959 年 11 月 25 日装有全部设备的 YP-3A 试飞，1961 年 4 月以后开始交付美国海军。该机为常规式布局，悬臂式下单翼，机身采用传统铝合金结构，装有增压机舱，装备有 4 台涡轮螺旋桨发动机，乘员 10～12 名，

主要参数（P-3C）	
机　　长	35.6 米
翼　　展	30.4 米
机　　高	11.8 米
空　　重	35000 千克
最大起飞重量	64400 千克
最高飞行速度	750 千米/小时
最大航程	8944 千米
实用升限	8625 米
爬　升　率	16 米/秒
武器装备	1 个机身弹舱，10 个外挂架

美国海军 P-3C 海上反潜巡逻机

主要包括飞机指挥官、副驾驶、第三驾驶、飞行工程师、副飞行工程师、战术协调长、导航员/通信员、声学传感器操作员、雷达操作员、空中技师等。

P-3 广泛用于海上巡逻和反潜，被世界许多国家所采用，生产数量 757 架，其中美国生产 650 架，日本生产 107 架，出口至加拿大、伊朗、澳大利亚、新西兰、日本、台湾、挪威、荷兰等国家和地区。

该机共有 P-3A（第一种主要量产型）、P-3B（第二种主要量产型）、P-3C（第三种主要量产型）、P-3F（伊朗）、P-3K（新西兰）、P-3N（挪威）、P-3P（葡萄牙）、P-3T（泰国）、P-3W（澳大利亚）、P-3CK（韩国）等多种型号。其中，P-3C 为主力机型，该型机于 1968 年 9 月 18 日首飞，1969 年服役，除交付美国海军 267 架外，还出口 78 架。

该机装有 AN/APS-115 全方位雷达、LTN-72 惯性导航、AN/APN-227 多普勒导航系统、欧米加远距导航系统、AN/ASW 飞行控制系统、AN/ASQ-114 通用数据计算机和 AN/AYA-8 数据处理设备及计算机控制显示系统、AQS 磁异探测器、ASA-64 水下异常探测器、ARR-72 声纳接收机、AN/ACQ-5 数据链以及 ALQ-64 电子对抗设备等。

机翼前有一个弹舱，长 3.91 米、宽 2.03 米、高 0.88 米；机翼下方共有 10 个外挂架，携带的武器主要包括 AGM-84"鱼叉"反舰导弹、AGM-84E"斯拉姆"远程对地攻击导弹、AGM-65"小牛"导弹、Mk-46 鱼雷、Mk-50 鱼雷，水雷、深水炸弹，48 个预载声纳浮标（最多可超过 50 个）等，续航时间 16 个小时。

（五）美国 EP-3 侦察机

EP-3 是美国海军唯一的一种陆基信号情报侦察机，英文名称"白羊座"（Aries）。该机在 P-3 基础上改进而成，由洛克希德公司制造，用来取代 EC-121"星座"电子侦察机，担负监听其他国家的广播、无线电台、电报、对讲机、手机等电子信号任务。

该机共有 EP-3A、EP-3B、EP-3E、EP-3E II 等型号，其中，EP-3A 为首批 P-3A 的改进型，共有 10 架，最初交付美国海军航空试验中心进行试验；EP-3B 在 P-3A 基础上改进而成，共有两架；20 世纪 70 年代初，美军将 12 架 EP-3A、EP-3B 全部升级为 EP-3E；20 世纪 80 年代中期，将 12 架 P-3C 改装为 EP-3E II 型电子侦察机，用来取代早期改装的 EP-3E。

1969 年，两架 EP-3B 交付美国海军第 1 飞行中队；1988 年 11 月，首架 EP-3E II 测试型飞机完工；1990 年 7 月，首次试飞；1991 年 6 月 29 日，交付美国海军；1997 年，最后一架交付美军。

目前，美国海军共有 11 架 EP-3 型侦察机（其中一架在南海撞机事件后被拆毁），分别隶属于美国海军太平洋舰队第 8 巡逻大队 VQ-1 特种航空侦察中队（驻扎在美国本土）和大西洋舰队地中海巡逻大队 VQ-2 特种航空侦察中队（驻扎在西班牙）。每个中队均有海外基地，通常在西太平洋、印度洋、大西洋等基地进行 6 个月的驻防执勤，尔后返回进行为期一年的训练。

经典空战武器装备

EP-3E 与 P-3 的不同之处在于前机身下方有一个圆盘型雷达天线整流罩，侦察设备装在后段机身上、下突出的整流罩内。该机安装有 4 台涡轮螺旋桨发动机，续航时间超过 12 小时，飞行成本为每飞行小时 2100 美元。机组成员 24 人，其中包括 7 名军官、3 名飞行员、1 名导航员、3 名战术程序员、1 名飞行工程师以及设备操作员、技术员、机械员等。

机载电子设备主要包括 AN/APS-134（V）搜索雷达（搜索距离 59 ~ 278 千米）、AN/ALD-9（V）通信波段搜索器、AN/ALR-81（V）雷达波段接收器系统、AN/ALR-82 电子信号拦截和接收系统、AN/ALR-84 雷达波段接收/处理系统、AN/ARR-81 通信情报接收系统、AN/AYK-14 中央计算机、AN/ULQ-16（V）脉冲分析系统、AN/URR-71 通信波段接收系统、AN/USH-26 信号记录系统、AN/USH-33 数据记录系统、IP-1159 脉冲记录系统、OM-75 信号解调器、AN/ALQ-108 敌我干扰识别器、AN/ALR-44 反干扰接收器等，最大监听距离 740 千米。

主要参数			
机　长	35.57 米	最大起飞重量	64400 千克
翼　展	30.36 米	最高飞行速度	780 千米/小时
机　高	10.27 米	最大航程	4400 千米
乘　员	24 人	实用升限	9150 米
空　重	35000 千克	武器装备	无

美国 EP-3E Ⅱ 型电子侦察机

经典空战武器装备

（六）美国 P-8 反潜巡逻机

P-8 是美国海军装备的新一代海上反潜巡逻机，英文名称为 Poseidon，译为"海神"，有的也称之为"波赛顿"。该机由美国波音公司设计生产，用来取代 P-3C，主要担负海上巡逻、侦察和反潜作战任务。

2000 年 6 月 18 日，波音公司的方案首度曝光，其方案以民用波音 737-700 客机为基础，将波音 737-800 的机翼和波音 737-700 的机身结合起来，在机翼前部加装武器吊舱，将客机内部全部打通装载反潜设备。方案经过多次修改后，最终为波音 737-900 机翼加波音 737-800 机身，武器吊舱移至机翼后部。

2007 年 6 月 15 日，P-8A 完成关键设计审查；2007 年 12 月，首架波音 P-8A 开始生产；2009 年 4 月 25 日，P-8A 测试飞机成功完成首飞，上午 10:43 飞机从兰顿机场起飞，下午 2:14 达到西雅图波音机场，历时 3 小时 31 分，最大飞行高度 7620 米。

作为美国海军新一代海上反潜巡逻机，P-8A 装备有雷神公司生产的 AN/APY-10 新型海上监视雷达。这种雷达能够彩色显示天气信息，在"边扫描边跟踪"和目标

主要参数（P-8A）					
机　　长	39.47米	空　　重	62730千克	作战半径	2222千米
翼　　展	37.64米	最大起飞重量	85820千克	实用升限	12496米
机　　高	12.83米	飞行速度	907千米/小时	武器装备	1个机身弹舱，6个外挂架
乘　　员	9人				

美国P-8反潜巡逻机

探测模式等方面比以往监视雷达功能更为强大,探测范围 600 千米以上,更适合进行海上、沿海以及陆上监视,并能够提供海上或陆上模式的高分辨率图像。

P-8 安装有两台涡扇发动机,较之 P-3C 的 4 台螺旋桨发动机在动力和巡航能力上提升 25% ~ 30%,飞行速度甚至可与一般的战斗机相比拟,载弹量可达 5.5 吨。机上共有 9 名乘员,其中 2 名驾驶员,7 名情报官;内部空间较大,主机舱内配置有 5 个以上的工作站,并装有 2 个自动翻转式浮标投放器。

该机设有一个武器吊舱,机翼下方有 6 个外挂点,可携带 AGM-84 "鱼叉"导弹、AGM-84K "斯拉姆"远程对地攻击导弹、AGM-65 "小牛"导弹,15000 千克各式炸弹,Mk-46 鱼雷、Mk-50 鱼雷、Mk-54 鱼雷,以及水雷、深水炸弹和 100 个以上预载声纳浮标。

目前,P-8 共有 P-8A 和 P-8I 两种型号。其中,P-8A 主要装备美军,P-8I 出口至印度。美国海军计划在未来十年时间采购 108 架 P-8A,这些飞机将大部分部署在太平洋地区,届时该机从美军冲绳基地起飞,可在 20 分钟内抵达台湾海峡上空。

为了加强对印度洋的监控,2009 年 3 月,印度与波音公司签署一项价值 21 亿美元的协议,采购 8 架 P-8I 用以逐步淘汰老旧的苏制图 -142 远程反潜机;2011 年 4 月,印度又向波音公司增购 4 架;首架 P-8I 已交付印度军方,波音公司承诺其余飞机将于 2015 年交付完毕。

（七）美国 OV-10 轻型攻击侦察机

OV-10 轻型攻击侦察机，绰号"野马"（Bronco），由北美罗克威尔公司研制，主要装备美国空军和海军陆战队，用于空中管制、空中火力侦察、对地火力支援、直升机护航，以及放射性侦察、战术空中观察、火炮以及舰炮定位、战术航空作战的空中控制和低空航拍等。

美军通过长期战争实践得出一条经验，认为能否取得近距离对地空中火力支援的胜利，90% 取决于是否能迅速与准确地发现和识别地面目标。朝鲜战争时期，空军对前线侦察机的需求更为迫切，由于没有专用座机，只能用 T-6 特克森式教练机进行前线侦察和空中引导。

20 世纪 60 年代初期，美国海军陆战队对这种侦察机的需求也提到议事日程。在众多厂商竞争中，罗克威尔公司的方案获选。1964 年，该公司生产出 7 架原型机；1965 年 7 月 16 日，第一架 OV-10 首飞；1968 年 2 月，第一架 OV-10 交付美国海军陆战队；1968 年 7 月，OV-10 运抵越南岘港，开始投入实战。

该机外形十分独特，机身前部为由大块玻璃组成的纵列双座复式操作座舱，座舱玻璃低至腰膝部，视野非常开阔，座舱装有防护装甲和弹射座椅，战场生存能力大大提高；主翼中央为主机身；机身后部为一个 2.1 立方米的万能货舱，可装载 1451 千克的军用物资或 5 名伞兵或 2 个担架和 1 名护士；尾部最为奇特，采用双尾梁布局。

经典空战武器装备

该机装备有塔康战术导航系统、夜视设备、合成激光测距/目标照射雷达，发现目标后可为攻击机指示目标。此外，该机还具有较强的对地攻击能力，机身下两侧短翼内装有4挺7.62毫米机枪；共有7个外挂点，主翼下左右各1个，机身下方中央1个，机身下两侧短翼各有2个，可挂载70毫米/127毫米各种火箭发射巢、炸弹、机枪、机炮吊舱或副油箱。

该机共有OV-10A、OV-10B、OV-10C、OV-10D、OV-10E、OV-10F等型号，其中，OV-10B为德国靶机，OV-10C、OV-10E、OV-10F为出口型，分别卖给泰国、委内瑞拉和印尼。该机生产总数约400架。

1995年，OV-10从海军陆战队退役。目前美军仍有约100架左右OV-10继续服役，主要执行国内和沿海侦察，包括参与扫毒、反偷渡、反走私等行动。

美国 OV-10 轻型攻击侦察机

主要参数（OV-10A）			
机　　长	12.67 米	最大起飞重量	6552 千克
翼　　展	12.19 米	最高飞行速度	452 千米/小时
机　　高	4.62 米	最大航程	927 千米
乘　　员	2 人	实用升限	7315 米
空　　重	3127 千克	爬升率	15.3 米/秒
武器装备	4 挺 7.62 毫米机枪，7 个外挂架（载弹量 1633 千克）		

第五章　侦察机

（八）俄罗斯米格-25侦察机

米格-25侦察机是米格-25战斗机家族中的一个成员，由苏联米高扬设计局研制，绰号"狐蝠"（Foxbat）。该机共有侦察型（占总数的60%）、截击型（30%）和双座教练型（10%）。

米格-25研制工作始于20世纪50年代末期；1961年3月10日，苏联著名飞机设计师米高扬签署指令，启动米格-25原型机的研制工作；1963年12月，第一架米格-25侦察型原型机出厂；1964年3月6日，首次试飞；1964年9月9日，第二架截击型原型机试飞；随后，第三架侦察型原型机也参加试飞；1969年开始装备部队。

主要参数

机　　长	22.3 米	最高飞行速度	3.2 马赫
翼　　展	14.1 米	最 大 航 程	2100 千米
机　　高	5.7 米	最 高 升 限	37650 米
空　　重	15000 千克	武 器 装 备	4 个外挂架
最大起飞重量	41000 千克		

俄罗斯米格-25 侦察机

经典空战武器装备

　　该机是世界上第一种速度超过 3 马赫的高空高速歼击机，安装有 2 台涡轮喷气发动机。从 1965 年 3 月 16 日到 1977 年 10 月 21 日，米格 -25 共打破和创造了 8 项飞行速度世界纪录、9 项飞行高度世界纪录和 6 项爬高时间世界纪录。超音速飞行时，航程 940 千米（侦察型为 1600 千米），带副油箱时为 1285 千米（侦察型 2100 千米）。

　　该机是苏联对付美国 SR-71 侦察机的唯一利器，只有米格 -25 可以轻松地跟在 SR-71 后面，监视其行动，并发出警告，而其他飞机根本无法追上更谈不上对 SR-71 进行跟踪监视拦截。在米格 -25 问世的 10 多年时间里，该机对西方国家来说始终是一个谜。

　　直到 1976 年 9 月 6 日，苏联空军飞行员维克多·别连科上尉驾机叛逃降落到日本，该机的神秘面纱才被揭开。10 月 12 日，该机在被美国人拆卸、拍照、详细研究后交还苏联。由此名声大噪，苏联只好取消对其出口限制，转而出口阿尔及利亚、叙利亚、伊拉克、利比亚和印度等国。

　　米格 -25 侦察机区分有照相侦察型、电子侦察型两种类型，机身内无武器设备，但保留翼下 4 个外挂点，可携带 4 枚 AA-6 空对空导弹或 AA-7、AA-8 空对空导弹各 2 枚。照相侦察型在机身头部安装有 5 部相机，一部为垂直相机，两部为左右倾斜 15°相机，两部为左右倾斜 45°相机，以及红外侦察设备。电子侦察型装有侧雷达和无线电信号接收装置，不带相机。

(九)俄罗斯图-142反潜巡逻机

图-142是俄罗斯海军装备的远洋海上反潜巡逻机。为了应对美国战略导弹核潜艇的威胁,1963年2月,苏联部长会议下令,由图波列夫设计局在图-95轰炸机基础之上设计建造一种远洋反潜巡逻机,主要用于在远海执行反潜巡逻侦察任务。

该机主要有图-142、图-142M、图-142M3三种型号。1968年6月18日,图-142首飞;1970年5月,开始生产并装备部队。1975年11月,图-142M首飞成功;1980年11月,交付苏联海军航空兵。图-142M3为最新改进型,于1993年服役,至今仍是俄海军重要的岸基反潜巡逻力量。1994年,该机停产,大约生产100架,目前俄罗斯还有10架图-142服役。另外,印度海军还采购有8架图-142。

图-142与图-95的气动布局基本相同,机身细长,采用后掠式机翼、平尾和垂尾。机身采用半硬壳式全金属结构,由前段、中段和尾段组成。机身前段有透明机头罩、雷达舱、领航员舱和驾驶舱,后期改进型号取消了透明机头罩,改为安装大型火控雷达。机翼穿过机身中段;机翼后是弹舱;尾段上装有尾部炮塔,装有1门23毫米双管机关炮。

图-142机组人员7名(11~13名,后期型号),从前到后分别为领航员、正副驾驶员、空中机械师、通信设备操纵员、雷达系统操纵员、反潜武器系统操纵员和尾炮操作员。翼上装有4台涡桨发动机并配有1台64.8马力的涡

经典空战武器装备

轮起动机,最高飞行速度925千米/小时,巡航速度711千米/小时,最大航程12500千米,作战半径高达6000千米以上,续航时间18小时(空中加油后25小时),各项指标在螺旋桨飞机中居于世界前列。

机上安装有对海搜索雷达、反潜雷达探测系统和磁声探测系统、中近距离无线电导航设备、远程天文导航设备、惯性和卫星导航设备、短波通信设备、高频通信电台和卫星通信系统等电子设备。其中,"鸢"式搜索瞄准雷达位于机身中下部的雷达罩内,对水面舰艇(包括水面航行潜艇)的探测距离达300千米以上。

该机装备有1门23毫米机关炮,1个机身弹舱及2个外挂架,可携带炸弹、深水炸弹、鱼雷、水雷、反潜导弹和反舰导弹等武器,最多可携带240枚MGAB-L3或MGAB-O3航空炸弹。执行搜索攻击任务时,可携带66枚RGB-75声纳浮标、44枚RGB-15声纳浮标、10枚RGB-55A声纳浮标和3枚鱼雷。其中,ATR-3鱼雷采用主/被动声制导,最大射程3.4千米,最大航速60节,可打击深600米、航速30节的高速潜艇。

主要参数			
机　　长	53.08 米	最高飞行速度	925 千米 / 小时
翼　　展	50.0 米	最大航程	12550 千米
机　　高	12.6 米	作战半径	6500 千米
乘　　员	11~13 人	最高升限	12000 米
空　　重	90000 千克	武器装备	1 门 23 毫米机关炮，1 个机身弹舱，2 个外挂架
最大起飞重量	185000 千克		

俄罗斯图 -142M3 反潜巡逻机

经典空战武器装备

（十）日本 P-1 反潜巡逻机

P-1 是日本首款新一代喷气式大型固定翼反潜巡逻机，主要用于替换日本海上自卫队现役的 P-3C 反潜巡逻机。该机由日本川崎重工岐阜工厂制造，装有日本自行研制的先进雷达和其他仪器设备。

P-1 原名为 P-X，也有媒体称之为 XP-1。2007 年，P-1 研制计划开始启动；2008 年，签订采购合同；该机原计划于 2011 年装备日本海上自卫队。2011 年 8 月 2 日，日本防卫省宣布，由于 P-1 的主翼和机身上发现了数条

10～15厘米的裂纹，服役时间向后推迟。

经过改进后，2012年9月25日，量产型P-1于12:39起飞，飞行2个半小时后安全着陆，试飞成功。2013年3月15日，P-1反潜巡逻机结束研制任务，开始生产，首批两架现已部署在日本神奈川县的厚木基地，后续飞

主要参数			
机　　长	38米	最高飞行速度	996千米/小时
翼　　展	35.4米	最　大　航　程	8000千米
机　　高	12.1米	实用升限	13520米
最大起飞重量	79700千克	武　器　装　备	1个机身弹舱，12个外挂架

经典空战武器装备

机将陆续装备部队。

P-1反潜机全长38米，翼展35.4米，高12.1米，起飞重量达79.7吨，首次采用先进的光传操纵系统，装有4台日本自行研制的XF7-10涡轮风扇发动机，巡航速度833千米/小时，最大速度996千米/小时，巡航高度1.1万米，航程约8000千米，各项指标明显优于日本现役的P-3C反潜巡逻机，反潜范围可从东海延伸至南中国海。

P-1机身呈笔直的圆柱形，相控阵雷达装于机首，雷达天线分别位于前起落架舱门两侧；机首上方装有先进的敌我识别器，下方装有可收缩的红外传感器；驾驶舱后机身上方有两只突出圆锥体，前边的圆锥体是电子支持装置天线，后边圆锥体是卫星通信天线；在驾驶舱后的机舱内配置有各种数据处理控制台；驾驶舱和任务控制台取消了机械仪表，而采用大屏幕的液晶显示器；机尾装有用于磁场侦测的侦测管。

该机具有速度快、航程远、作战半径大、信息化程度高等特点，具有高速大量数据信息处理能力，可对截获的各种信息进行一体化、智能化处理，能够快速发现敌方目标。装备的相控阵雷达对海搜索距离最大为200海里，对潜望镜搜索距离32海里，可同时搜索跟踪256个目标。在主翼根部之后有4个声纳浮标投射孔，可有效地探测处于静止状态的潜艇。

该机机身内弹舱可挂载8枚鱼雷，机翼下方共有12个外挂点，可携带鱼雷、深水炸弹、航空炸弹，以及ASM-IC和AGM84等反舰导弹，甚至还可以挂载AGM-65"小牛"空对地/空对舰导弹。日本海上自卫队计划生产70架P-1取代现有的约90架P-3C。

三、侦察机背后的故事

经典空战武器装备

U-2 风波

1960年5月1日，苏联塔斯社向全世界广播了一条震惊全球的消息：苏联防空部队击落了一架美国U-2间谍侦察机。此消息一出，华盛顿一下子惊呆了！根据美国人掌握的情报，凭苏联人的飞机和防空导弹，根本不可能将可以飞到3.3万米高空的U-2飞机打下来！

U-2侦察机是美国冷战时期的主要间谍飞机，专门从事高空摄影侦察，是美国的"空中间谍"。该机由美国洛克希德飞机制造公司研制，它的表面呈黑色，机身长、尾巴高、翅膀宽，装有一台涡轮喷气发动机，最大飞行高度可达3.3万米。

U-2侦察机上装有"73-B"巨型航空摄影机及电子侦察设备，能在20000米高空拍摄到清晰、立体感强的航空照片，一次出动，可侦察96平方千米面积。1956年1月，美国成立了第一个U-2间谍飞机中队。1957年起，美国将它作为间谍工具，先后从挪威、联邦德国、土耳其、巴基斯坦、日本等地起飞，侦察苏联的军事基地、导弹发射阵地、核试验场。1959年，U-2侦察到的情报占美国中央情报局全部情报的90%。

1956年6月20日，U-2飞机第一次飞越敌国领土，穿越了捷克斯洛伐克和波兰领空。1956年7月4日，美国派U-2间谍飞机飞入苏联领空，进行高空侦察活动。苏军几十门高炮在防空雷达的引导下同时开火，密集的炮弹不断飞向天空，炸出一团团烟雾，但是U-2飞机依然悠闲地在空中穿行。原来是高射炮的射高不够，炮弹只能在U-2的下方爆炸，对它根本构不成任何威胁。

与此同时，两架"米格"战斗机奉命起飞，前去拦截U-2侦察机。可是"米格"飞机的飞行高度仍然有限，也无法飞到20000米高空，因此，也只能眼睁睁地看着U-2在头顶上飞，拿它也没办法。

最后关头,苏军防空部队使出了杀手锏,10枚"萨姆-1"导弹向U-2射了过去。随着一团团烟雾升起,发射出去的防空导弹还是全部落空,在U-2的下方自行爆炸,U-2飞机依旧大摇大摆在天空中飞行,毫发无损。

1956—1960年,美国的U-2间谍飞机可以随意地进入苏联领空,可以在20000米高空拍摄出清晰的地面照片。虽然苏联的雷达每次都可以发现U-2的踪影,但始终拿它没有办法。对此,苏联经常通过非公开渠道向美国表示抗议,但是美国人的回答却是这些飞机是用来进行天气侦察和收集大气样本的。

此事弄得苏共中央第一总书记赫鲁晓夫恼羞成怒。一番暴跳如雷过后,将高炮团的上校团长、"米格"飞机的少校机长以及导弹营的中校营长统统撤职查办。但是,U-2飞机像幽灵一样,依旧在苏联的上空游荡。为此,赫鲁晓夫冥思苦想,终于想出了一个办法。

1950年的5月1日,苏联一年一度的"五一"庆祝活动如期在莫斯科红场举行。红场上,由士兵、工人、农民、学生组成的游行队伍,迈着整齐的步伐依次通过检阅台。检阅台上,赫鲁晓夫心事重重,勉强地露出笑容,向游行队伍频频挥手。

凌晨5时,赫鲁晓夫接到报告,一架美国U-2间谍飞机再一次闯入苏联境内。此时,他所担心的不是别的,而是美国的U-2侦察机会不会再次光临。虽然他已下令要把它打下来,可是,游行活动都已经开始了,却还没有得到任何消息。

上午9点多,苏军国土防空军总司令比留佐夫元帅走到赫鲁晓夫身后,向他报告U-2飞机已被击落,飞行员已被活捉。顿时,赫鲁晓夫眉开眼笑,心里头的一块石头终于落了下来,看来他的"锦囊妙计"成功了。

为了将U-2侦察机击落,赫鲁晓夫决定要从U-2侦察机上做文章。按照赫鲁晓夫的旨意,苏联克格勃花重金买通了美军驻巴基斯坦白沙瓦空军基地食堂的一名勤杂工。在大把大把金钱的诱使下,这名勤杂工摸清了U-2侦察机的准确位置。

通过红外望远镜的彻夜观察,克格勃特工嘉兹尼发现U-2飞机只有一个军警

经典空战武器装备

守卫,每2个小时换一次班,而且每次换班都在飞机的右舷,离飞机的门较远。对嘉兹尼来说,要将U-2飞机破坏掉简直是易如反掌,但是将飞机炸掉了可不管用,苏联人要的是让它在苏联上空被击落。

凌晨2点,在夜色的掩护下,嘉兹尼穿过数道铁丝网溜进了机场,趁两名哨兵交接班聊天之际,悄悄地爬进了U-2机舱。嘉兹尼要破坏的是U-2飞机的高度仪。嘉兹尼缩着身子吃力地拧开高度仪的螺丝,将一个绣花针大小的磁场仪塞了进去,然后将高度仪重新装好。

这是克格勃的飞行技术专家想出的一个办法。通过利用磁铁吸力的办法,当飞机高度超过10000米,高度表受磁性螺丝钉吸引,指针却指到20000米,而1万米正是苏联防空导弹的有效射程。此时,完成破坏任务的嘉兹尼一动不动地蹲在机舱内。直到机场守卫再次换班的时候,他才迅速地溜了出来。

凌晨,美国空军飞行员鲍尔斯中尉在睡梦中被人叫了起来。鲍尔斯可谓是U-2侦察机的老牌飞行员,他已经有了500飞行小时的记录,曾多次飞越苏联领空。美国中央情报局得悉,5月1日苏联将进行新型火箭发射试验,决定派鲍尔斯中尉飞越苏联领空,对苏联斯维尔德洛夫斯克火箭基地进行重点侦察。

美国人的计划是飞机从白沙瓦起飞,飞越阿富汗的兴都库什山脉,于苏联塔吉克加盟共和国的杜尚别附近进入苏联的食宿,经咸海、乌拉尔山脉东麓的车里雅宾斯克、斯维尔德洛夫斯克等城市的上空,转向基洛夫、阿尔汉格尔斯克、摩尔曼斯克,进入巴伦支海,于挪威的博多降落。

飞机从清晨起飞,经9个小时飞行,傍晚即可到达着陆地点,航程3800英里,其中2900英里在苏联境内。清晨5点20分,鲍尔斯身着特种飞行服装爬进了360号U-2飞机。飞机原定6点钟准时起飞,由于等待白宫的批准令到达,飞机起飞时间推迟到6点26分。而这一天距离拟议中的苏、美、英、法四国首脑会议只有半个月的时间。

起飞后不久,鲍尔斯就关闭了无线电台。此时,U-2的飞行高度已达到2.5万

米。1小时以后,飞机就可以进入苏联境内了。那个时候,天也该亮了,就可以进行空中照相侦察了。

U-2飞机刚进入苏联境内,便被苏军防空部队的雷达发现,苏联战斗机立即升空拦截。就在鲍尔斯得意地在2万多米的高空上飞行的时候,突然他发现2架米格-19战斗机窜了过来。鲍尔斯大惑不解,苏联的米格飞机这一次怎么飞得这么高?他连忙加大油门,将飞机向上拉了起来,甩掉了这2架战斗机。

鲍尔斯好不容易摆脱了米格-19的拦截,可是又遇上一架苏-9战斗机。这是一架刚从工厂接收来的新式飞机,最高升限可达21000米。然而,这架飞机当时并没有配备武器。接到指挥所要将U-2撞掉的命令后,苏-9战斗机像箭一般向高空冲去,可惜的是,由于速度太快,苏-9战斗机竟然一下子窜到了U-2飞机的前面。

莫斯科时间8时53分,鲍尔斯驾着U-2飞机到达了斯维尔德洛夫斯克上空。此时,部署在那里的苏军防空导弹部队早已等待多时。在防空搜索雷达的引导下,一枚枚导弹腾空而起。此时,正在寻找新型火箭基地的鲍尔斯突然听到一声撞击声,感觉到飞机一震,他回头一看,机尾已经冒烟。紧接着,发动机也熄火了,飞机顿时失去了控制,迅速向下坠落。

鲍尔斯知道自己的飞机是被苏联的萨姆-2防空导弹击中了。按照美国人的设计,飞机被击中后,飞行员应首先启动自动跳伞装置,尔后再跳伞,70秒后飞机才会爆炸。但是,鲍尔斯不相信事先告诉他的这一套,他冒着风险,用手打开座舱盖,从坠落的飞机中跳了出来,然后打开降落伞。

鲍尔斯降落在一片树林里。很快,他就被苏联国营农场的工人们围住了。不过,鲍尔斯非常听话,毫不反抗地举起了双手。掉下来的U-2飞机残骸也被秘密运到莫斯科,赫鲁晓夫在国防部长马利诺夫斯基的陪同下进行了参观。

U-2飞机失踪后,美国顿时慌了手脚。美国总统艾森豪威尔接到中央情报局的报告后,立即指示由国务院负责处理全部新闻质询的答复工作。可是,这一指示还没来得及贯彻,美国军政各有关部门便先后发表了相互矛盾的声明。军方发表声

经典空战武器装备

明说，1架U-2非武装的气象侦察机在土耳其凡湖地区上空失踪。而美国国家航空和航天局则说，1架U-2飞机因缺氧，驾驶员失去知觉，误入苏联领空。

听到美国人自相矛盾的解释后，赫鲁晓夫大喜。5月7日，苏联宣布了一条更具爆炸性的新闻，苏联不仅击落了美国的U-2侦察机，还将飞行员活捉，而且还拿出了人证和U-2飞机残骸的照片。

这一消息立即成为世界头条新闻，美国政府十分尴尬。赫鲁晓夫指出，如果美国不给出个合理的解释，他将拒绝出席四国首脑会议。可是，艾森豪威尔只同意保证不再有类似的行动，于是四国首脑会议因赫鲁晓夫的离开而被迫宣布终止。

被俘虏的鲍尔斯并没有被判处死刑，而是被判3年牢狱加上7年劳动教养。1962年2月，经大量的谈判，美苏之间达成了以鲍尔斯换回克格勃间谍鲁道夫·阿贝尔上校的意见，鲍尔斯被释放返回美国。

第六章　预警机

一、预警机概述

预警机,是一种用于搜索、监视、先期报警空中或海上目标并引导己方歼击机或防空武器实施截击的军用飞机,英文名称 Early Warning Airplane。大多数预警机有一个显著的特征,就是机背上背有一个大"蘑菇"形的天线罩,主要用于搜索、监视空中或海上目标,指挥并引导己方飞机执行作战任务。

（一）预警机的历史

雷达发明之后，人们便开始尝试使用陆基雷达侦测入侵敌机，此后还在军舰上安装搜索雷达，用于探测来袭的军舰和飞机。第二次世界大战后期，当时飞机的飞行速度和高度都有了很大的提高。为了及早发现敌机，美国除了依靠军舰自身的搜索雷达外，还在舰队外围部署警戒船，以延伸探测距离。

但是，由于直线运行的雷达波受地球曲率影响较大，即使将雷达安装在桅杆上，高度也不过15～20米，搜索效果仍然较差，而且桅杆过高还会影响舰船航行的稳定性。为此，人们开始试着将雷达安装在飞机上，以提高雷达距离地面（海面）的高度，这样就可以在数千米的高度上发现很远的目标。

1940年，担任警戒任务的飞机已经开始装有雷达，但由于受体积和重量的限制，当时的搜索距离通常只有几千米和十几千米，还不能满足防空警戒的需要，通常只担负短距离搜索和火力控制任务。

1944年，受美国海军的委托，麻省理工学院开展预警机的研究，用于取代雷达警戒飞机。1944年2月，世界上第一架空中预警机TBM-3W问世。该机在复仇者鱼雷轰炸机的基础上改进而成，通过在机腹下安装一部AN/APS-20雷达，对低空飞机的侦测距离达100千米以上，对海面大型舰船距离达320千米，另外，还可以充当海上舰船与留空飞机的无线电通信中继站。

不过，TBM-3W还不是真正的空中预警机，机上只有一名飞行员和一

名雷达操作员,还不具备任何的指挥控制能力,飞机要将收到的目标信号传递给军舰上情报中心,然后由情报中心的指挥人员引导作战飞机实施作战,而且 AN/APS-20 雷达还不能探测目标的高度,所以该机也只是一种空中雷达警戒飞机而已。

TBM-3W 空中预警机(机腹下方为雷达)

为了提高指挥控制能力,美国海军将 AN/APS-20 安装在 B-17 轰炸机上,命名为 PB-1W。由于 B-17 机身较大,因此可以装载较多的无线通信设备和显示控制平台,初步具备了空中引导和指挥控制能力。该机共改装 24 架,直至 1955 年才退役。

经典空战武器装备

第二次世界大战结束后，美国格鲁曼公司在 AF-2W 反潜机的基础上，加装 AN/APS-20 雷达用于搜索通气管露出水面的潜艇。该机搭载 4 名乘员，其中飞行员 1 名、雷达与无线电操作员 3 名，共生产 153 架。

在借鉴 AF-2W 的基础上，美国道格拉斯公司在天袭者（Skyrider）的基础上研制出 AD-3W、AD-4W、AD-5W 预警机。其中，AD-5W 后来重命名为 EA-1E，曾是 20 世纪 50 年代美国海军的主力舰载预警机。该系列飞机共生产 417 架，直至 1962 年退役，其中每一个中队配备 4 架。1951 年，英国皇家海军也获得 50 架 AD-4W，用于发展"塘鹅"式预警机。

这些 20 世纪 40 年代至 50 年代初期生产的预警机，普遍存在着机体过小、机载油料过少、航程较短、机组人员较少的缺点，空中预警和指挥控制能力仍然较弱。1957 年，由格鲁曼公司研制的 WF-2 预警机实现首飞。这是世界上第一种真正实用化的预警机，命名为 E-1B，机组成员 4 名，机背上装有一部 AN/APS-82 型雷达，天线每分钟旋转 6 圈，探测距离 150 千米，1958 年服役，共生产 88 架，直至 1977 年才被 E-2 取代。

早期的预警机只能搜索监视中空、高空和海上目标，对于陆地上低空或超低空飞行的目标探测能力很差。E-1B 虽然大大提高了美国航母战斗群的预警能力，但其指挥控制能力仍然十分有限，仍摆脱不了以无线电语音引导战斗机空战的模式。

E-3 空中预警机

  1961 年 10 月 21 日，搭载雷达及电子系统的全副武装的 W2F-1 预警机试飞成功，后改为 E-2A。1964 年 1 月 19 日，第一架量产型 E-2A 交付美国海军。E-2A 比 E-1B 大了接近一倍，天线每分钟可旋转 10 圈，装备的 AN/APS-96 型雷达在 9144 米高度时侦测距离达 500 千米，以 500 千米/小时的速度巡航时，留空时间达 5.5～6 小时。

英国"塘鹅"式预警机

新加坡空军装备的 G550 "湾流" 费尔康预警机

此后，美国又在 E-2A 的基础上，改进出 E-2B、E-2C、E-2D、E-2T 等多种型号。其中 E-2C 为主力机型，先后出口至世界上许多国家和地区。1970 年中后期，美国在波音 707 的基础上研制的 E-3A 预警机开始装备部队。20 世纪 80 年代中期，E-8"联合星"预警机开始装备美国空海军，并直接投入海湾战争。

苏联空中预警机的发展相对较晚，一直到了 1950 年代才开始启动预警机的研制工作。1951～1954 年，曾在安-2 运输机上安装一部 S 波段雷达，天线尺寸比美国的 AN/APS-20 要小得多，对空探测距离不到 100 千米。1967 年，在图-114 客机基础上改进的图-126 预警机开始服役，北约称其为"苔藓"。该机共有 12 名机组成员，探测距离 370 千米，在没有空中加油的情况下可飞行 10.2 小时，经空中加油后可达 18 小时，共建造约 15 架。

1982 年 4 月的英阿马岛战争中，由于英国舰队没有舰载预警机，多艘军舰遭到阿根廷海空军的重创。相反，由于拥有预警机的引导和指挥，以色列空军在对贝卡谷地的叙利亚导弹阵地袭击中大获全胜。

1984 年，以色列开始启动"费尔康"雷达系统的研制工作。1993 年，以色列研制的"费尔康"预警机出现在法国巴黎航展，引起了世人的高度关注。航展结束后，

经典空战武器装备

智利空军立即向以色列定购了"费尔康"预警机。该机空中预警能力与美国E-3预警机基本相当,但价格却只有E-3的三分之一左右。

1985年,瑞典决定自行发展空中预警机。1987年,爱立信公司开始了"爱立眼"雷达系统的测试工作。该系统没有传统预警机那样的大型雷达天线罩,形状类似"平衡木",天线罩由前后两个支架固定在飞机的机身上,在6000米标准作战高度上,雷达最大作用距离450千米,售价为E-3的一半。

我国"空警一号"预警机的研制工作始于20世纪60年代末期,1971年6月10日"空警一号"首次试飞。由于该机总体性能相对落后,研制工作于1979年全面停止。1990年代中期,我国曾尝试向国外购买预警机用于改善防空状况,但因美国从中作梗,购买计划被迫中止。此后,我国决定自主研制属于自己的预警机系统。经过不懈努力,国产空警2000、空警200于2009年国庆60周年阅兵式出现在世人的面前。

(二)预警机的特点

一是探测范围广。由于预警机高高在上,能够有效克服地球曲率对雷达的影响,探测距离可达数百千米以上,探测范围比地面雷达要大得多。

二是指挥控制能力强。现代预警机装备有大量的电子设备,就是一个移动式的空中指挥控制中心,不仅能够发现数十架乃至数百架空中来袭目标,而且还可以同时对上述目标实施跟踪定位,并引导、指挥己方飞机升空作战。

三是自身防护能力弱。预警机大多是在民航客机或货机的基础上改进而成,飞行速度较慢,机动性能较差;机上所安装的电子设备辐射较大,极易被对方探测、干扰;而且机身基本上没有搭载自卫和攻击性武器,容易遭受对方攻击。

(三)预警机的分类

按预警机功能的不同,可分为战略预警机和战术预警机,或大型预警机和中、小型预警机;按载体可分为固定翼预警机、直升机预警机;按部署地域可区分为陆基型预警机、舰载型预警机;按雷达天线运动方式可区分为雷达天线旋转式预警机和雷达天线静止式预警机。

其中,战略预警机除具有战术预警机的功能外,还可担负国土战略防御任务,具有高级空中指挥和控制功能,续航能力强,系统复杂,造价和使用费用高,如 E-3A、A-50。

战术预警机能探测空中特别是超低空入侵的目标,指挥引导己方防空和空中力量。它的续航能力较弱,控制功能较小,造价和使用费用较低,如 E-2C。目前在世界各国使用的预警机大部分都是战术预警机。

(四)预警机的未来

一是不断提高现役预警机的性能,延长其服役期。目前,全世界现役的

预警机共有数百架。为了提高这些预警机的性能，美国、俄罗斯等国家积极利用最新技术，对其进行更新，如美军的"鹰眼"2000升级后的940型中央计算机，其重量和尺寸分别是原来的1/2和1/3，但处理能力提高了15倍。

二是雷达天线与机身融合。随着电子技术和飞机外形设计技术的发展，机载雷达天线将与机身高度融合，天线与机身表面外形将越来越趋向一体，从而可以更好地改善飞机的气动性能，并更能充分地利用机身表面的空间增加天线面积。

三是进一步拓展预警机的功能。未来，预警机不仅朝提高对空警戒和指挥控制的方向发展，而且还将兼具对地侦察功能，甚至部分预警机还将装备导弹等攻击武器，同时具备侦察监视、指挥控制、对空作战和对地攻击等能力。

四是发展价格便宜的小型预警机。大型预警机虽然功能强大，但采购价格和使用费用昂贵，普通国家难以承受。小型预警机虽然体积小，功能相对较少，但价格相对便宜。

二、经典预警机

（一）美国 E-2 预警机

E-2 预警机，北约代号"鹰眼"（Hawkeye），由美国诺斯罗普·格鲁门公司研制，主要装备美国海军，并出口日本、法国、以色列和台湾等国家和地区，用于舰队防空和空战导引指挥，也可用于执行陆基空中预警任务。

20 世纪 50 年代，为了提高美国海军空、地、海一体作战的能力，美国海军提出应建立一套"机载战术诸元系统"融入到"海上战术诸元系统"之中。由于第一代舰载预警机 E-1"跟踪者"技术不够成熟，总体性能有限，缺乏向航空母舰传输雷达数据的发送装置，无法满足"海上战术诸元系统"的配套要求，于是，美国海军提出研制 E-1 的后继机。

1956 年 3 月，该机开始设计，经过方案论证后，共制造 3 架原型机；1960 年 10 月，第一架原型机升空；1961 年 4 月 19 日，装备全套机载设备的飞机完成首次实用性飞行后，正式编号为 E-2A。1964 年 1 月，开始交付使用。

E-2 共有 E-2A、E-2B、E-2C、E-2D、E-2T 等型号。其中，E-2A 为最初量产型，共生产 59 架。E-2B 为 E-2A 升级版，共升级 52 架。E-2C 为 E-2B 的升级版，最初使用 APS-120 雷达，1978 年升级为 APS-125 雷达，1984 年升级为 APS-138 雷达，后来又升级为 APS-139 雷达和 APS-145 雷达。其中，E-2C 鹰眼 2000 为 E-2C 的全面升级版。

E-2D 更换有新型航电系统、引擎、数码化驾驶舱，2007 年 8 月 3 日首飞，

E-2C 雷达操作员操作雷达

性能达到 2011 年的美军标准。E-2T 为 E-2B 的升级版，装备有 AN/APS-145 雷达。

E-2 采用上单翼双发悬臂式四立尾布局。水平尾翼上安装 4 个垂直翼面，为了不影响雷达工作，4 个垂直翼面（包括发动机螺旋桨）的大部分采用玻璃钢材料。外段机翼 90 度旋转后可向后折叠（一般舰载机大多向上折叠），翼展由伸展时的 24.56 米变为 8.94 米，舰上的存放空间大大减小。安装有两台涡轮螺桨发动机，最初为 4 叶螺旋桨，后升级为 8 叶。

E-2 机组人员通常为 5 人，包括正、副驾驶员，雷达操作员，作战情报官，航空管制员。主要机载设备包括雷达、电子对抗、通信、数据显示与控制台等分系统。该机背上的一个"大圆盘"实际上是一个大型的雷达天线罩，通过支架与机身连接，直径 7.3 米，最大厚度 0.79 米，内装雷达天线和敌我识别天线，由液压马达驱动，每分钟可旋转 6 圈。

该机最大续航时间 6 小时 15 分。借助上述电子设备，E-2 可探测 648 千米处的轰炸机，480 千米处的战斗机和 258 千米处的巡航导弹，可以同时显示 600 批目标，同时跟踪 250 架飞机，并同时引导 150 架飞机作战。

美国E-2C预警机

主要参数（E-2C/D）			
机　　长	17.6米	最大起飞重量	26083千克
翼　　展	24.56米	最高飞行速度	648千米/小时
机　　高	5.58米	最大航程	2708千米
乘　　员	5人	实用升限	10576米
空　　重	18090千克		

经典空战武器装备

（二）美国 E-3 预警机

E-3 预警机，又称"哨兵"（Sentry），也称"望楼"，是美国空军装备的一种全天候远程空中预警和控制机，是世界上最好的大型预警机之一。该机由美国波音公司研制，具有下视能力及在各种地形上空监视有人驾驶飞机和无人驾驶飞机等功能，主要用于空中管制、控制、通信、侦察等。

1963 年，美国空军提出研制"空中警戒和控制系统"，发展"下视雷达技术"。20 世纪 60 年代后期，由威斯汀豪斯公司研制的脉冲多普勒体制下视雷达技术取得突破性进展。1970 年，波音公司提交的方案竞争获胜，成为了"空中警戒和控制系统"的主要承包商。

主要参数

机　长	46.61 米	最大起飞重量	157397 千克
翼　展	44.42 米	最高飞行速度	855 千米/小时
机　高	12.6 米	最大航程	7400 千米
空　重	73480 千克	实用升限	12500 米

美国 E-3A 预警机

首先,波音公司将两架707-320B型民航货机改装为试验机,代号为EC-137D,用于试验机载电子设备,并于1972年2月7日首次试飞。此后,又以波音707为基础研制出3架原型机。1975年,第一架原型机首次试飞。1977年3月,第一架生产型E-3交付使用。1978年5月,首批8架形成初步作战能力。1984年6月,34架(含3架原型机)交付完毕。

该机机翼、尾翼、机身、起落架与波音707基本相同;前货舱改装后装有飞行控制设备机柜、通信设备机柜、中心配电盘、直流电源机柜和救生伞柜;后货舱改装后装有雷达发射机和辅助动力装置,舱壁上沿有辅助动力装置进气口;驾驶舱后上方设有空中加油受油口。

E-3主要有A、B、C、D、F等型号,在1992年生产线关闭前共生产68架,主要装备美国、沙特、英国、法国等国家。机组乘员20多人,其中,第一批生产型可载4名驾驶员、13名系统操作员;海湾战争时,系统操作员达到19~29名。该机安装有4台涡扇发动机,早期型号一次加油后留空时间8小时,换装新型发动机后飞行时间10小时。

机载设备主要由搜索雷达、敌我识别器、数据处理、通信、卫星定位、导航与导引、数据显示与控制等六个部分组成。可同时处理600个不同目标信息,对100个目标进行跟踪控制。装备的AN/APY-1型S波段脉冲多普勒雷达,将360度方位圆划分为32个扇形区,天线每分钟旋转6圈,在8850米的高度巡航时,对大型高空目标有效探测半径为667千米,中型目标445千米,低空小目标324千米。

（三）美国 E-8 预警机

E-8 是美国空军装备的远距雷达监视预警机，也称"联合星"，是美军"联合监视目标攻击雷达系统"（Joint STARS）的空中部分。该机主要由诺斯罗普·格鲁曼公司研制，与地面雷达站配合构成联合目标监视攻击雷达系统，负责在空中监视敌方目标，并及时将信息传递给己方飞机，引导和指挥作战飞机与地面部队对敌人发起攻击。

E-8 共有 E-8A、E-8B、E-8C 三个型号，其研制工作最早可追溯到 1978 年。1988 年 4 月，第一架原型机出厂试飞，但机上并未安装雷达探测设备；1988 年 12 月，诺顿公司生产的雷达探测设备安装上机，并进行了全面飞行试验。

E-8A 为最早的两架原型机，共有 10 个操作员控制台；E-8B 采用新的机体，共有 15 个操作员控制台；E-8C 为主要量产型，共有 18 个操作员控制台，首架于 1996 年 3 月 22 日交付美国空军。1997 年 12 月，空军宣布 E-8C 已具备初步的作战能力。

E-8 装有惯性导航系统，"塔康"导航系统，飞行管理系统，超小型计算机，图形显示器，联合战术信息分配系统，侦察和控制数据链路，卫星通信链路，TADIL/Link16 数据通信设备，加密的高频、甚高频和超高频无线电通信设备等，每秒可处理 1.5 亿条指令，可将机上的数据传递给机动的陆军地面站，也可将地面站对战场情报的要求传输到 E-8 预警机上。

经典空战武器装备

飞机的前机身下部装有一个12米长的独木舟形的雷达天线罩，里面装有一部APY-3型多模式侧视相控阵电子扫描合成孔径雷达，探测距离可达250千米，扫描范围为±60度，单架飞机飞行8小时，可以发现机身任意一侧5万平方千米范围内的地面上各种目标，覆盖面积10万平方千米。

该机续航时间9小时，一次空中加油后可达20小时。1991年，刚刚问世尚处于试验阶段的2架E-8A便参加了海湾战争，总计飞行534.6小时，共执行49次任务。

美国 E-8C 预警机

主要参数（E-8C）			
机　　长	46.61 米	最大起飞重量	152407 千克
翼　　展	44.42 米	最高飞行速度	945 千米 / 小时
机　　高	12.95 米	实用升限	13000 米
空　　重	77564 千克		

经典空战武器装备

（四）苏联图-126预警机

图-126预警机，西方绰号"苔藓"（Moss），是苏联最早装备的、机身上部安装有雷达天线的预警机。该机由图-114型民航客机改装而成，由图波列夫设计局研制，主要用于空中预警以及引导歼击机或对地攻击机作战。

20世纪50年代，美国在喷气式轰炸机、空中加油系统、远程导航技术等方面取得了较大的突破，这就意味着美国可以越过北极地区向苏联发动攻击。如果依靠地面防空探测与拦截系统防止美国来自北极方向的攻击，苏联势必要投入大量的资源，因此为了提高北部及边远地区的防空能力，苏联启动了以研制图-126空中预警机为核心的"全国防空现代化计划"。

根据这一计划，苏联决定以图-114客机为平台开始研制属于自己的第一代预警飞机。1960年，开始设计；1962年1月23日，首飞；1965年，开始装备苏联空军，当时由8架飞机组成第67预警机飞行大队，分成两个中队，每个中队配备4架。该机共生产12架。

图-126机体与图-114基本相同。图-114是苏联在图-95轰炸机的基础上研制的大型民航客机，1957年首飞，最大载客量220人，航行距离可达14000千米，是波音747出现以前最大的民航客机。与图-114不同之处在于，图-126机头部位加装有空中受油管，经空中加油后巡航时间可达20小时，尾部有腹鳍，机身上部装有直径为11米的旋转雷达

主要参数			
机　　长	56.5 米	最大起飞重量	175000 千克
翼　　展	51.4 米	最高飞行速度	790 千米/小时
机　　高	16.05 米	最　大　航　程	7000 千米
乘　　员	12 人	实　用　升　限	10700 米
空　　重	103000 千克		

苏联图-126预警机

天线罩。

图-126机载电子设备主要包括一部"平顶柱"式机载预警雷达，SRO-2M型敌我识别器，"警笛"-3护尾雷达警戒装置，近距导航仪和惯性导航系统，R-831/RSIV-5超高频/甚高频电台，RSB-70/R-837高频电台和ARL-5数据链，"红宝石"地面搜索雷达，以及无源与有源电子对抗设备等。

20世纪60年代，随着地形跟踪雷达、飞行控制及操纵系统的发展，飞机的低空突防大大提高，图-126雷达所采用的单脉冲体制下视性能较差，即使飞行员采取低空飞行、向上探测的方法也无法弥补这个缺陷。最终，由于该机低空预警能力不足，以及无法抵御空空或对空导弹的攻击，20世纪80年代逐渐被A-50预警机所取代。

（五）俄罗斯 A-50 预警机

A-50 是俄罗斯空军装备的主力预警机，西方称之为"支柱"（Mainstay）。该机由别里耶夫（Beriev）飞机设计局设计建造，是图 -126 型预警机的后继机，主要担负空中预警、警戒以及引导战斗机执行防空和战术作战任务。

A-50 在伊尔 -76 喷气式运输机基础上改进而成，研制工作始于 20 世纪 70 年代。该机共有 A-50 基本型，以及 A-50M、A-50U、A-50I（出口印度）等改进型，生产数量 30 多架。1978 年 12 月 19 日，首架 A-50 原型机首飞；1984 年，开始陆续装备部队。

A-50 在伊尔 -76 的基础上取消了机头领航员透明风挡，在飞机头部装有空中加油受油杆，在头锥内装有气象雷达，头锥下后侧装有地形测绘雷达，机身腹部前后两侧装有电子对抗监视天线，机翼后缘处的机身上部装有一部空中预警雷达。

该机装有"熊蜂"大功率电子综合系统，包括脉冲多普勒三坐标雷达、电子对抗监视天线、敌我识别系统和数字式抗干扰通信设备等，低空预警半径 450 千米、高空 620 千米，可同时跟踪 50 个目标，指挥 12 架战斗机作战，其中，A-50I 换装有以色列生产的"费尔康"相控阵雷达。可同时自动跟踪 100 个以上目标，管制至少 90 次空中拦截，整体性能与 E-3C 相近。

A-50 安装有 4 台涡轮风扇发动机，最大飞行速度 900 千米／小时，

巡航速度 760 千米 / 小时，无空中加油情况下续航时间 4 小时，A-50M、A-50U 可达 6 小时，而俄罗斯称 A-50I 留空时间可达 7 小时 40 分，空中加油后可停留 12 小时，2 架 A-50I 即可提供 24 小时全天候预警能力。

该机共有 15 名机组成员，其中飞行人员 5 人（驾驶员、副驾驶员、飞行工程师、导航员和无线电通信员），操作人员 10 名（3 名负责监测雷达屏幕，4 名飞机引导员和 3 名电子设备和通信设备操作员）。与 E-3 预警机相比，虽然 A-50 的低空识别力优于 E-3 预警机，但其侦察、预警、引导总体能力还是逊色许多。而且，机舱里设备较重较大，内部拥挤狭窄，飞行噪声较大，机上缺乏休息空间和洗手间，机组人员工作条件较为艰苦。

俄罗斯 A-50U 预警机

主要参数（A-50U）	
机　　长	49.59 米
翼　　展	50.5 米
机　　高	14.76 米
空　　重	75000 千克
最大起飞重量	170000 千克
最高飞行速度	900 千米/小时
最　大　航　程	6400 千米
实 用 升 限	12000 米

第六章　预警机

（六）以色列"费尔康"预警机

"费尔康"其实是一种机载预警雷达与指挥控制系统，英文名称为Phalcon，是Phased Array L-band Conformal Radar的缩略语，由以色列飞机公司（IAI）研制，具有探测距离远、识别能力强、跟踪目标多、反应时间快、抗干扰性好、生存能力强、操作使用可靠、作战效能高等特点。

1987年，以色列飞机公司开始研制"费尔康"预警系统，并安装在波音707上，用以取代E-2C和E-3A。首架原型机于1993年5月12日成功首飞，1994年交付智利空军，是世界上第一种装有相控阵雷达的预警机。

该机长48.41米，翼展44.42米，机高12.93米，空重80000千克，最大起飞重量150000千克，最大平飞速度880千米/小时，巡航速度780千米/小时，航程8500千米，最大续航时间12小时。机上最多可载17名乘员，其中包括任务指挥长1名、雷达操作员5名、电子情报操作员1名、电子支援设备操作员1名、通信员1名、辅助通信员1名、数据链操作员1名、试验设备操作员2名等。

与传统的预警机相比，"费尔康"机身上没有背着一个巨大的雷达天线罩，而是采用了有源相控阵雷达、飞机外皮、天线阵融为一体的新技术，在机鼻、机尾和机身两侧加装了自行研制的6个格板形相控阵L波段保形雷达，最大作用距离800千米，覆盖范围360度，可探测巡航导弹、直升机、战斗机及小型舰船等小型目标，对直升机的探测距离为180千米，对战斗机、攻击机

的探测距离为 370 千米，可同时跟踪 250 个目标，同时处理 100 个目标。

"费尔康"与 A-50 采用机械扫描技术不同，采用的是先进的电子扫描技术，具有重量轻、造价低、可靠性高等特点，一旦发现目标，可在 0.1 秒时间内将控制波束返回至目标方向，并迅速发出警报。空中预警能力基本上与美国 E-3 预警机相同，明显优于 E-2C，有些性能甚至超过 E-3，但价格却只有 E-3 的三分之一左右。

经测算，一部"费尔康"机载预警与指挥控制系统相当于 8～10 个大功率地面雷达站，能节省 2～3 个地面警戒雷达团的兵力，防空系统的效能可提高 15～30 倍，拦截与击落敌机的数量可增加 35%～150%，后方遭敌空袭的次数可减少 15%～55%，在保持相同防空能力的条件下，其防空截击机的数量可减少近 70%。

2004 年转而将 3 套"费尔康"卖给印度。2009 年 5 月 28 日，印度空军在新德里郊外的巴勒姆空军基地举行首架费尔康预警机服役仪式。

2003 年 8 月，以色列从美国购买 4 架 G550"湾流"喷气商用飞机，用来秘密研制空中预警机。2006 年 5 月 20 日，首飞，命名为"海雕"；2007 年，首架"海雕"预警机交付以色列空军。该机航程可达 1 万多千米，可在 1.3 万米空域飞行 10 个小时左右。

以色列G550"湾流"预警机

主要参数（费尔康原型机）	
机　　长	48.41米
翼　　展	44.42米
机　　高	12.93米
空　　重	80000千克
最大起飞重量	150000千克
最高飞行速度	880千米/小时
最大航程	8500千米

（七）澳大利亚"楔尾"预警机

"楔尾"预警机全名叫"楔尾空中预警和控制系统"，英文名称 Wedgetail AEW。该机由美国波音公司研制，号称全世界最先进的预警机。由于美国已经装备有 E-2、E-3、E-8 等预警机，该机并没有装备美国空军，而首先被澳大利亚相中。

2000 年 12 月，澳大利亚与波音公司签署 10 亿美元的协议，用来购买 6 架"楔尾"预警机。2002 年 12 月，开始对机身进行改装，安装机载雷达；2004 年 5 月，在西雅图首次进行机载雷达飞行试验；2005 年 7 月，测试工作完成；2009 年 11 月 26 日，首批两架交付澳大利亚皇家空军；2010 年 4 月，首批两架正式服役；其余 4 架于 2010 年 5 月至 2012 年 5 月交付完毕。2012 年 9 月，澳大利亚宣布，"楔尾"预警机已形成初步战斗能力。

"楔尾"预警机以波音 737-700 短程客机为载机，采用波音 737-800 的中段、机翼和起落架，机身上方加装有大型天线，机头上面加装空中受油装置，主翼安装有燃料抛弃系统。机舱内由飞行操作区、指令控制区、乘员休息区、电子仪器区等组成，各区有中央通道贯通。

与传统预警机不同，"楔尾"机身上方并没有安装一个大圆盘，采用的是横木天线罩，安装有诺斯罗普·格鲁门公司的多波段多功能电子扫描相控阵（MESA）雷达。雷达的扫描天线由两部分组成，一部分垂直竖立在后机身上方成为背鳍，另一块则水平安置在背鳍上部，两块天线相互叠加组成了

一个完整的天线阵列，这种布置方式有效消除了机身、机翼、机尾等部位对雷达波的遮挡和干扰，比传统的机载预警与控制系统雷达更有效。

该机共有2名驾驶员、10个操作席位，另外，休息区还可坐8人。机上加装有战术显示设备、战术操作表、电子战操作设备、平视引导系统、中央计算机以及各种雷达信号处理设备，可在全天候条件下工作，据称具有发现隐形飞机或巡航导弹的能力，其信息处理速度比E-2C快十多倍。

"楔尾"预警机可同时跟踪300个目标，在9000米高度飞行时探测距离达850千米，对战斗机目标下视探测距离370千米，对一般护卫舰的探测距离240千米以上。能在任何天气条件下锁定600千米范围内的180个目标，可同时指挥24架飞机作战。留空时间超过8个小时，空中加油后可连续飞行20个小时。在1万米高度飞行时，监视地面范围可达40万平方千米。在一次长达10小时的任务中，该机的探测覆盖面积甚至达400万平方千米。自2011年以来，该机先后在马来西亚、关岛、美国阿拉斯加等地参加了多次演习。

波音公司不仅将该机出口至澳大利亚，还分别卖给了土耳其和韩国。其中，土耳其称之为"和平之鹰"（Peace Eagle），于2002年5月签订合同，购买4架，2007年试飞，2010年7月开始陆续交付。韩国称之为"和平之眼"（Peace Eye），于2006年8月签订合同，购买4架，2011年9月21日开始陆续交付。

澳大利亚"楔尾"预警机

主要参数			
机　　长	33.6米	最大起飞重量	77564千克
翼　　展	35.8米	巡航飞行速度	853千米/小时
机　　高	12.5米	最大航程	6482千米
空　　重	46606千克	实用升限	12500米

经典空战武器装备

（八）瑞典"爱立眼"预警机

如同"费尔康"一样，"爱立眼"也是一部雷达系统的名字，英文名称Erieye，由瑞典爱立信集团微波系统公司研制。该系统除一部有源相控阵脉冲多普勒雷达外，还包括综合辅助监视雷达、敌我识别系统、多模式指挥控制系统、电子战支援系统、通信系统和数据链。

20世纪80年代初，瑞典着手启动自己的预警机研制计划。与其他国家不同，瑞典跳过传统机载监视雷达、无源相控阵雷达，直接从机载有源相控阵雷达入手。1985年，成功研制出PS-890机载预警雷达，并在1986年的巴黎航展上首度公开亮相。

此后，瑞典空军以美国"梅特罗"-Ⅲ型运输机为平台，加装"爱立眼"机载预警雷达，将其改装为"梅特罗"-Ⅲ型早期空中预警机，用于试验。这是瑞典历史上的第一种预警机。1992年，瑞典皇家空军与萨伯公司签订协议，决定使用萨伯-340B小型区间支线客机来生产6架萨伯-340B预警机。

1994年1月17日，萨伯-340B预警机首飞。1995年，瑞典空军正式将萨伯-340B型预警机命名为S-100B（S为瑞典语中侦察一词的首字母），并以西方神话中长有100只眼睛的巨人称其为"百眼巨人"。1996年3月，首架S-100B交付给瑞典防御装备协会。1997年11月，"百眼巨人"预警机加入瑞典空军服役。

　　与美、俄等国大型预警机相比，"百眼巨人"要小巧得多，机身全长不到 20 米，续航时间 7～9 小时。从外形上看，S-100B 没有传统预警机那样的大型雷达天线罩，而是在机身上方安装一个"平衡木"式的矩形雷达天线罩。天线罩由前后两个支架架设在飞机的"脊梁"上，与机身纵向平行布置，全长 9 米，厚 0.5 米，天线全重仅 900 千克。天线罩的前部设有一个进气口，以便冷空气在飞行中进入天线罩内，为里面的发热电子设备降温。

　　S-100B 具有可靠性高、扫描波束快、抗干扰及近距离目标识别能力强等特点，其电子扫描天线可在多种模式下工作，可以边搜索边跟踪，也可对重点区域进行经常性扫描。在 6000 米标准作战高度上，机载雷达最大作用距离 450 千米，对战斗机目标的探测距离 330 千米，对海上目标的探测距离为 320 千米，对巡航导弹的探测距离 150 千米，可同时跟踪 300 多个目标。

　　与大型预警机相比，"爱立眼"售价仅为 E-3 的一半，维护费用只有 E-3 的 1/10～1/8，运行费用每小时仅 500 美元，而 E-2C 为 2700 美元，E-3 高达 8300 美元。因此，深受中小国家的欢迎，先后出口至泰国（1 架）、巴西（5 架，称为 EMB145）、墨西哥（1 架）、希腊（4 架）、巴基斯坦（6 架，称为萨伯 -2000 型）。

　　实际上"爱立眼"预警机还不是一架严格意义上的预警和控制飞机，机上没有任务系统设施，机组成员只有 2～8 人，只能把探测到的雷达图像通过数据链传送到地面防空系统的指挥中心进行处理分析，然后再由地面指挥中心指挥空中战术飞机或地面防空部队作战。此外，PS-890 为侧视雷达，天线不能转动，飞机前、后会存在一定的盲区。

瑞典 S-100B 预警机

主要参数（S-100B）	
机　　　长	19.73 米
翼　　　展	21.44 米
机　　　高	6.97 米
空　　　重	9055 千克
最大起飞重量	12930 千克
巡航飞行速度	530 千米/小时
最　大　航　程	1300 千米
实　用　升　限	7620 米

（九）俄罗斯卡-31预警直升机

卡-31预警直升机是专为俄罗斯海军设计制造的空中预警机。该机在卡-29基础上改进而成，由卡莫夫设计局联合股份公司研制，装备俄罗斯库兹涅佐夫号航母。除用作航母舰载机外，该机也可搭载在巡洋舰、驱逐舰、护卫舰上，或作为岸基预警机使用。

1985年，按照苏联海军1143.5航母计划，卡莫夫设计局开始在卡-29的基础上设计舰载预警直升机。1987年，第一架原型机首飞，当时编号为卡-29RLD。1995年，改名为卡-31。

卡-31预警直升机长12.5米，旋翼展开时直径14.5米（折叠时12.25米），机高5.6米，装有2台涡轮发动机，最大外挂荷载5吨，最大飞行速度每小时250千米，巡航速度每小时205千米，最大航程600千米，续航时间2.5~3小时，正常作战半径150千米。

卡-31预警直升机装有E801M"眼睛"型空中和海上监视雷达，机腹装有一座大型平板雷达天线，天线长6米，宽1米，重200千克，10秒钟内可旋转360度。直升机起降时，雷达天线进行90度折叠，平贴在机腹上。执行任务时，天线再90度翻转，展开工作。

卡-31可在简单或复杂气候条件下24小时昼夜使用，主要用于探测4570~3200米高度的空中目标，更高高度的目标则由舰载雷达探测。卡

经典空战武器装备

-31 机载雷达可同时发现 200 个战斗机类目标，并跟踪其中的 20 个，一小时内巡逻范围 25 万平方千米。对战斗机、直升机、巡航导弹的预警距离 120 千米，对小型舰艇的预警距离 250 千米以上，对大型目标的预警距离 300 千米以上。该机虽然起降条件灵活，适用性较强，但由于飞行距离近，探测能力远不及固定翼飞机。

1999 年，印度向俄罗斯订购了 4 架卡 -31，2001 年又追加 5 架，2003 年 4 月首批 4 架进入印度海军服役，第二批于 2005 年交付完毕。其中，第二批卡 -31 上装备数字地形图、地面接近警告系统、障碍警告系统、预编航线的自动导航系统、飞行自动稳定系统、航母/基地自动着陆系统、直升机机身状态信息显示系统等。据报道，2011 年，中国向俄罗斯引进 9 架卡 -31。

俄罗斯卡-31预警直升机

主要参数			
机　　长	12.5米	最大起飞重量	12200千克
翼　　展	14.5米	最大飞行速度	250千米/小时
机　　高	5.6米	最 大 航 程	600千米
乘　　员	2人	实 用 升 限	3500米

第六章　预警机

（十）英国"海王"空中预警直升机

"海王"预警直升机由英国韦斯特兰公司研制，在引进的美国SH-3D反潜直升机的基础上改进而成。该机装有圆周扫描搜索雷达，可在更为恶劣的天气和更低的能见度条件下使用，实用性强于固定翼预警机，可广泛应用在航空母舰、驱逐舰和护卫舰上，主要担负舰队的空中预警任务。

长期以来，英国海军一直没有预警机。"谢菲尔德"号被击沉的第二天，即1982年5月5日，英国国防部召开紧急会议，寻求补救措施，决定将韦斯特兰直升机公司正在研制的"海王"直升机改为海上预警机使用。

1982年5月23日，英国国防部批准为两架"海王"HAS.2A安装"搜水"雷达。经过一周可行性方案论证后，改装工作正式启动。

主要参数			
机　　长	22.15 米	最大起飞重量	9752 千克
旋翼直径	18.90 米	最大飞行速度	272 千米/小时
机　　高	5.13 米	最 大 航 程	1482 千米
空　　重	5530 千克	实 用 升 限	4480 米

英国"海王"空中预警直升机

经典空战武器装备

8月2日，在不到3个月的时间，韦斯特兰公司和索恩公司完成了平时需要两年才能完成的改装工作，2架飞机正式投入使用。此后，又改装了8架，这10架预警直升机被命名为"海王"-MK2。

该机装有2台涡轮轴发动机，最大飞行速度272千米/时，巡航速度245千米/时，续航时间4小时，并可进行空中悬停加油。

该机机身左侧装有一部经过改进的索恩-EM1型舰用搜索雷达，安装在一个可充气的鼓形容器里面。该扫描器采用液压操纵，具有俯仰、横侧稳定功能，平时可向上和向后旋转，执行任务时飞机飞到12米高度并达到一定飞行速度后，天线可向前和向下旋转到起落架下方工作位置，整个开机准备时间14秒钟，在3050米高度探测距离160千米以上，可边扫描边搜索，扫描范围达360度。

"海王"预警直升机机组成员由一名飞行员和两名观察员组成。两名观察员并排就座，各配备有一台光栅扫描电视。右侧为战术协调员，可与母舰上的各级作战官员通话，能处理40个目标。左侧为操作员，可手动操作处理16个空中目标，并能引导6架飞机升空作战。

以英国"卓越"号航空母舰为例，第849飞行中队共有3个飞行小队，每个小队装备3架"海王"预警直升机，预警覆盖半径可达685千米以上。2002年，改进型"海王"-7开始服役，跟踪能力从原来的40个提高至250多个。

三、预警机背后的故事

半路夭折的苏联舰载预警机

苏联海军成立于1918年2月，总兵力曾达到47.7万人，是唯一可以与美国抗衡的海上力量。因此，苏联海军很早就认识到舰载预警机的重要性，早在"基辅"号航空母舰还未服役时，苏联海军就已经设想为未来的航母装备固定翼预警机。但是，由于海军政策的极度不连续以及领导人的一意孤行，不仅对苏联航空母舰的发展产生了极大影响，而且在舰载预警机的研制过程中也出现了类似情况。

1968年，在设计1143型基辅级航母的同时，苏联涅瓦设计局就开始规划研究具有弹射起飞舰载机功能的下一代1160型航母。1972年，在1160型航母的初步方案中，计划搭载4架以别-42为基础的预警机。别-42反潜机由别里耶夫设计局于1971年6月5日开始研制，1972年完成初步方案设计，1976年开始试飞。

当时苏联认为航母的主要任务是保障编队的防空，要满足这一要求，必须要有舰载预警机参与对舰载机的作战指挥，否则1160型的舰载机群将无法有效保护编队的空中安全。然而，当时苏联军方的要求却与之大不相同，军方认为应首先研制反潜型，以后再考虑预警型。

1973年秋天，在主管苏联军事工业的苏共中央书记乌斯季诺夫的反对下，1160型航母计划取消，别-42舰载预警机也因此而停止研制。

1976年春天，苏联政府通过决议，提出在涅瓦设计局1160型航母的基础上，于1976~1977年间开始研制，并于1985年前建造两艘1153型核航母。就设计概念而言，1153型与1160型航母差别不大，只是排水量减少约1万吨，舰载机由60～70架减少为50架。

1976年，此前毫无军旅经历的乌斯季诺夫出任苏联国防部长。1977年11月，由于遭到国防部长乌斯季诺夫的反对，1153型航母计划再次遭到否决，取而代之的是建造1143型（基辅级）的后续舰，即1143.5型舰。

1980年11月，该舰的详细战术技术任务书编制完成。根据任务书，1143.5型舰的排水量58500吨，舰载机46架，包括雅克-41、苏-27K、米格-29K和雅克-44预警机，此外，还包括卡-27反潜直升机、卡-27搜救直升机、卡-29武装运输直升机和卡-31预警直升机。

1979年11月，雅克设计局完成了雅克-44陆基型和舰载型初步技术方案，共有"火炬"系统和"量子"系统两套机载预警雷达可供选择。其中，"火炬"系统的两部雷达天线布置在机身内，机头和机尾各一部；"量子"系统的雷达天线则安装在机身上部旋转的整流罩内。1980年3月，"火炬"方案获得通过。

根据1979年提出的设计方案，雅克-44配有两台涡桨主发动机（位于翼下）、4台涡喷升力发动机（位于机身内）。其中，升力发动机只在起降时使用，以降低离舰和着舰速度。根据计算结果，采用这种组合动力方案后滑跑距离可缩短至150～200米，能够满足飞机在舰上起降的要求。

然而，由于安装了4台升力发动机，必须在机上留出足够的空间用于携带油料，这样就对雷达设备和机载电子系统的安装影响很大，机身空间和有效载荷也明显不够。另外，尽管军方对雅克-44计划给予了大力支持，"火炬"预警雷达的研制仍极为缓慢。特别是在总设计师雅克夫列夫退休后，这一方案就完全走入了死胡同。

在此情况下，苏联被迫于1983年3月决定停止雅克-44的研制。随即转向了由基辅机械制造局研制的另一型备选舰载预警机，即安-71K。安-71K是安-71预警机的舰载型，后者在安-72军用运输机的基础上改进而成，由安东诺夫设计局研制。该机于1982年开始研制，1985年11月12日首次试飞，1987年对外公开亮相，西方绰号为"狂妄"（Madcap）。

安-71装有两台涡扇发动机和一台助推用的涡喷发动机，而安-71K舰载型计划安装三台涡喷发动机。"量子"系统的预警雷达天线安装在垂直尾翼顶部的"圆盘子"内。尽管苏联海军坚持优先发展舰载型安-71K，但安东诺夫仍建议在安-71陆基型的基础上研制安-71K。

经典空战武器装备

1984年秋天，安-71K的初步方案出台，但总设计师已经是巴拉布耶夫。通过对方案的审查，军方认为，以安-71K的外形尺寸和起飞重量，根本无法在航母上起降。在老方案的雅克-44走进死胡同、安-71K上舰无望的情况下，1984年10月，雅克设计局建议在新的总体结构布局基础上恢复雅克-44的研制。

在雅克设计局新的总体方案中，以桨扇发动机替换升力发动机，从而可使飞机具有足够高的推重比，以及增加升力所需的机翼上表面气流量，保证雅克-44可实现舰首滑跃甲板起飞。同时新方案也将预警雷达调整为"量子"系统，雷达天线安装在机身上部直径为7.3米的"圆盘子"内。1985年，安-71K的研制工作宣告停止。

与老方案相比，新方案的雅克-44明显更大、更重，最大起飞重量从28吨增加到40吨。机载预警雷达和其他任务系统的操作人员也从一人增加到4人，探测距离、跟踪空中目标的数量以及引导的歼击机数量也大幅增加。

1988年9月，雅克设计局完成了新雅克-44的初步设计，并提交军方审查。1989年1月，苏共中央和苏联部长会议通过决议，同意研制雅克-44多用途预警机，其中首先完成舰载型的研制，空军使用的陆基型作为后续发展计划。

1989年6月，雅克设计局开始雅克-44的详细设计和原型机的生产准备，同时制造完成了全尺寸技术试验样机和用于电子技术研究的1∶5缩比模型。1990年1月，苏联通过了对雅克-44原型机的详细技术方案和样机审查。同年，首架飞机开始建造，其中机舱和中部机身由雅克设计局负责生产，天线整流罩由雅克设计局和乌里扬诺夫斯克航空制造企业联合制造，机翼由乌兰乌德航空制造厂生产。

为了对雅克-44上舰后的各种环境进行评估，苏联决定将当时只有一架全尺寸的技术试验样机修改为全尺寸、全重量样机。1990年8月，样机完成修改，雅克设计局将其拆解，使用驳船通过水路运到黑海，吊放到当时正在进行试验的1143.5型舰上，再在飞行甲板上重新组装。并计划在完成所有测试工作后，原路将这架样机运回莫斯科，在设计局的总装车间内进行重新组装和设备安装。

雅克-44预警机共有6名乘员（2名飞行员和4名雷达操作员），机长20.5米，

翼展 25.7 米（折叠后 12.5 米），机高 5.8 米，燃油重量 10500 千克，装有两台 D-27 螺旋桨发动机，实用升限 13000 米，巡航速度 700 千米/小时，最大飞行速度 740 千米/小时，最大航程 4000 千米，续航时间 6.5 小时，作用距离 165～250 千米，探测目标高度 5～30000 米，可同时跟踪 150 个目标，指挥引导 40 架飞机作战，其作战效能甚至比当时世界上唯一的舰载预警机——美国 E-2C 还要高出 20%。

在舰载型雅克-44 研制顺利进行的同时，空军的陆基型雅克-44 于 1991 年秋天也顺利通过了审查。与舰载型相比，其巡逻时间大幅增加，飞行性能也得到了改善。反潜型雅克-44 也完成了初步方案设计。

但是，苏联却在 1991 年 12 月 25 日突然解体。由于经费缩减，雅克-44 预警机的后续研制被迫放缓，1992 年，正处于原型机生产阶段的雅克-44 预警机的研制计划彻底冻结。至此，在即将看到曙光的时刻，雅克-44 预警机就此半路夭折。

第七章　无人机

一、无人机概述

无人机是无人驾驶飞机的简称,英文名称 Unmanned Aerial Vehicle。无人机上没有驾驶舱,机上安装有自动驾驶仪、程序控制装置等设备;可在无线电遥控下像普通飞机一样起飞或用助推火箭发射升空,也可由母机带到空中投放飞行;地面、舰艇上或母机遥控站人员通过雷达等设备,对其进行跟踪、定位、遥控、遥测和数字传输;回收时,可采取像普通飞机一样的着陆过程方式自动着陆,也可通过遥控用降落伞或拦网回收。

与载人飞机相比,无人机具有体积小、造价低、使用方便、对作战环境要求低、战场生存能力较强等优点,可多次反复使用,广泛用于空中侦察、监视、通信、反潜、电子干扰、对地攻击等活动,备受世界各国军队的青睐。

经典空战武器装备

（一）无人机的历史

在飞机出现的最初时间里，虽然还没有出现对抗飞机的有效武器。但人们认为，根据军用飞机承担的主要任务，无论是在战场上空进行军事侦察，还是使用轰炸机深入敌国境内进行轰炸，难免要遭到对方的抗击，军用飞机遭到损失只是一个时间上的问题。

为此，人们设想能否研制一种飞机既能够轰炸敌人的重要目标，又不会造成飞行员的伤亡。另外，由于驾驶飞机也是一件非常辛苦的事情，为了减轻飞行员的工作负荷，人们希望能够研制一种不需要飞行员操作就能够自动保持飞行状态的装置。

1913年，世界上第一部由陀螺稳定器控制的飞机自动驾驶仪研制成功。人们将它安装在柯蒂斯双翼飞机上，首飞并获得成功。

1914年第一次世界大战爆发后，英国卡德尔和皮切尔两位将军向英国军事航空学会提出一项建议，研制一种不用人驾驶的小型飞机，采用无线电操纵，在其上面挂上炸弹，当飞到敌人目标上空时将炸弹投下去。这种非常大胆的设想立即得到当时英国军事航空学会理事长戴·亨德森爵士的支持，并指定由英国星际学会主席 A·M·洛教授组成一个小组进行专项研究。为了保密，该项研究被称为 AT 计划。

最初，研究工作在一个名叫布鲁克兰兹的地方进行。后来又转移到米德

尔赛克斯的费尔泰姆地区。研究小组首先从研制无人机的遥控装置入手，经过多次试验，研制小组首先研制出一台无线电遥控装置，并将它安装在一架小型单翼飞机上，开始了试验工作。

经过三年的试验，1917年3月，在第一次世界大战临近结束之际，世界上第一架无人驾驶飞机在英国皇家飞行训练学校进行了第一次飞行试验。此次飞行主要是对无人机的飞行与遥控性能进行试验，不进行轰炸目标的试验，因此没有挂载炸弹。飞机成功起飞并进入正常飞行后不久，发动机突然熄火，飞机一下子失去了动力和升力，栽了下来。

经过一段时间反复查找原因和地面试验，第二次飞行试验又开始了。飞机起飞后，在空中平稳飞行了一段时间，就在人们庆祝实验就要成功的时候，无人机在空中翻了一个跟头后，发动机又熄火了，一头栽了下来。

此时，第一次世界大战基本结束，军事上对无人机的需求已不那么迫切了，无人机的发展也就失去了动力。就这样，第一次AT计划的实验也就被迫停了下来。两次试验失败后，A·M·洛教授并没有灰心，继续进行无人机的研制。

第一次世界大战结束几年后，A·M·洛教授的研制工作再次获得英国政府的资助。1927年，由A·M·洛教授参与研制的"喉咙"式单翼无人机在英国海军"堡垒"号军舰上成功地进行了试飞。该机载有113千克炸弹，以每小时322千米的速度飞行了480千米。"喉咙"式无人机的问世在当时曾引起极大的轰动。

英国 DH.82B 蜂王号无人机

几乎与此同时,英国皇家空军也研制了几种不同用途的无人机,其中有用陀螺仪控制的空中靶机,有用无线电控制、可投放鱼雷的无人机,甚至还开始研制无人驾驶的攻击机。

最后确定制造一种用陀螺仪控制的无人机,并在机上装有预编程序的无线电遥控装置,命名为"拉瑞克斯"。该机最大速度可达310千米/小时,英国皇家空军一共制造了12架这种飞机,该机还曾装上火炮,成功地从战舰和地面基地进行了发射试验。

随着无人机技术的逐步成熟,到了20世纪30年代,英国政府决定研制

无人靶机,用于验校战列舰上的火炮对飞机的攻击效果。1931年,"费利皇后"无人靶机在英国研制成功。在1932年英国本土舰队组织的地中海演习中,"费利皇后"在密集的防空炮火中安然无恙,最后被安全回收。1932年,英国又研制了著名的"蜂后"无人靶机,从此拉开了无人靶机发展的序幕。

就在英国研制无人驾驶飞机之际,大洋彼岸的美国也启动了无人机的研制工作。早在1915年,美国的斯佩里公司和德尔科公司就曾研制出第一架"空投鱼雷"无人机。该机重272千克,装有一台30千瓦活塞式发动机,飞机升空后,由一个简单的陀螺仪装置控制飞行方向,由一个膜盒气压表自动控制飞行高度。试飞时,该机还装有136千克炸药,成功地进行了攻击目标试验。

经典空战武器装备

此后不久,美国陆军的查尔斯·F·凯特林又研制出一种无人机,命名为"凯特林飞虫"。这是一架颇似普通的双翼机,重238.5千克,可携带82千克炸弹,飞行速度达88千米/小时。1918年10月22日,该机成功飞上天空。

20世纪30年代,美国航空专家雷金纳德·德里为美国陆军研制出无线电遥控靶机。1939年,美国又研制出了一种名为RP-4的上单翼无人机,该机飞行速度96千米/小时。虽然此时第二次世界大战已经爆发,但美国仍然隔岸观火,只是买了几架用于打靶训练。

1941年12月7日珍珠港事件爆发后,美国陆、海军开始大规模采购靶机,用于防空训练,其中购买OQ-2A靶机984架、OQ-3靶机9403架、OQ-13靶机3548架。后两种靶机均安装有大功率发动机,飞行速度可达225千米/小时,飞行高度达3000米。

在第二次世界大战中,美国陆军航空队曾大量使用无人靶机,并在太平洋战场上使用过携带重型炸弹的无人机对日军目标实施轰炸。二战期间,美军还打算将报废的B-17和B-24轰炸机改装成携带炸弹的遥控轰炸机。但由于经费巨大,加上操纵技术过于复杂,美军最终还是放弃了这一研制计划。

二战结束后,随着航空技术的飞速发展,无人机家族也逐渐步入鼎盛时期。1951年,美国特里达因·瑞安公司按照美国军方的要求,研制出"火蜂"喷气式亚音速无人靶机。"火蜂"在长期使用中有很多种变型,可进行远距离侦察、电子干扰或充当诱饵机,该机在越南战场和中东战场上得到广泛使用。

1969年10月，由南京航空航天大学研制的中国第一种高空高亚音速D-5"长空"-1无人靶机首次试飞，1976年11月完成定型飞行试验。该机采用无线电指令控制，机长8.44米，翼展7.5米，机高2.96米，空重1460千克，总重量2060千克，在高度11000米以上飞行时，最大平飞速度920千米/小时，最大航程937千米，续航时间1小时12分。

20世纪70年代初期，美国D-21侦察机曝光。这是一种速度可达3马赫的高空战略侦察机，曾多次对中国内地进行侦察。20世纪70年代以后，喷气式大型无人侦察机逐渐被小型无人侦察机所取代。

20世纪80年代，世界上许多国家开始研制无人攻击机。20世纪80年代末，"哈比"无人机在以色列国防军开始服役。20世纪90年代至21世纪初期，美国"捕食者""全球鹰"等无人机相继服役。时至今日，世界上研制生产的各类无人机已达近百种，并且还有一些新型号正在研制之中。

（二）无人机的特点

一是重量相对较轻。由于无人机主要担负侦察监视等任务，机上没有飞行员，通常没有加装武器系统，更不需要考虑飞行员的生理需要，因此，机体比有人飞机要小得多，重量也相对较轻。

二是可重复使用。飞行员在飞行过程中通常要承受较大的荷载，从某种意义上讲，飞行员的身体素质决定了飞机的机动性能。由于不需要考虑飞行经典空战武器装备

员的生理要求，无人机可以在空中做一些非常规动作，还可以连续升空执行任务。

三是成本较低。有人驾驶飞机通常要为每架飞机配备人机互动装置、生命维持、弹射座椅等设备，而无人驾驶飞机仅需人机交互装置，而且多个无人机还可以共用一套设备，相对来讲，建造投入较少，使用维护成本也较低。

四是可以减少伤亡。随着空对空导弹、防空导弹的大量运用，现代空战中，飞行员的战场生存环境日益恶化，机毁人亡的概率大增，而无人机可以有效地规避这一问题，有助于减少飞行员的伤亡率。

（三）无人机的分类

按功能区分，无人机主要有无人靶机、无人侦察机、测绘无人机、航拍无人机、无人预警机、无人攻击机；按外形区分，无人机主要有常规固定翼飞机式、缩比飞机式、飞翼式、导弹式、直升机式（又称旋翼式）、飞碟式。

美国 MQ-8B 火力侦察兵无人机

其中，缩比飞机式则以某种真实飞机为参考，严格按比例缩小制造。这种飞机从外表上看，与真实飞机一模一样，只是要小得多。由于在视觉效果上与其模仿的真实飞机很像，它主要作为高射炮兵、地空导弹兵和飞行员使用光学瞄准具打靶的靶机。

经典空战武器装备

（四）无人机的未来

一是小型化。由于无人机没有飞行员驾驶，在能够满足完成任务需要的前提下，其外形尺寸越小，所需要的原材料越少，作战过程中的消耗就越少，而且外部特征越不明显，因此，就可以有效地节约资源，降低使用成本。

二是隐身化。为了提高无人机的战场生存能力，特别是深入敌方上空执行任务的能力，无人机也将披上防雷达、防红外等多种"外衣"，涂抹上多种变色迷彩涂料，采用具有隐身功能的外形设计，以及必要的尾气防红外及发动机降噪技术。

三是多用途化。为了提高无人机的战场综合价值，同时也提高无人机的快速反应和独立执行任务能力，除了不断发展单一功能的无人机外，无人机将集多种功能于一体，同时具备侦察监视、反雷达、对空攻击等多种能力。

四是智能化。为了提高无人机在复杂、快速、多变的战场上的反应能力，随着仿生技术、计算机技术、自动控制技术、传感器技术等新技术的不断发展，无人机将具备一定的类似人类的观察、记忆、识别、判断以及独立作战等能力。

二、经典无人机

经典空战武器装备

（一）美国全球鹰无人机

全球鹰无人机，英文名称 Global Hawk，由美国诺斯罗普·格鲁门公司研制。机上装有合成孔径雷达、电视摄像机、红外探测器三种侦察设备，以及防御性电子对抗装备和数字通信设备，是美国空军装备的高空长航时监视无人机，也是全世界最先进的无人机之一。

1994 年 6 月，美国空军提出研制全球鹰无人机计划。1997 年 2 月，第一架全球鹰样机公开露面；1998 年 2 月 28 日首飞。1999 年 3 月，第二架原型机坠毁，机上所携带的专门为"全球鹰"设计的侦察传感器系统损坏。1999 年 12 月，第三架样机在跑道滑跑时出现事故，损坏了另外一个传感器系统。2000 年 6 月，美军宣布"全球鹰"已具备了全部作战能力，并开始服役。

"全球鹰"采用下单翼布局，机身主要材料为铝合金，机翼由碳纤维制成，机身后方为一个背负式发动机罩，续航时间长达 42 小时，在目标区上空 18300 米处可停留 28 小时进行侦察，而 U-2 侦察机在目标上空仅能停留 10 小时。

该机装有惯性制导加 GPS 定位导航系统，能自动完成从起飞到着陆的整个飞行过程，通过卫星链路可自动将无人机的飞行状态数据发送到地面任务控制单元。2001 年 4 月 22 日，一架"全球鹰"从美国加利福尼亚空军基地起飞，前往澳大利亚参加联合军演，全程实施遥控操作，经过 22.5 个小

美国全球鹰无人机

主要参数（RQ-4B）	
机　　　长	14.5 米
翼　　　展	39.9 米
机　　　高	4.7 米
空　　　重	6781 千克
最大起飞重量	14628 千克
巡 航 速 度	575 千米/小时
最 大 航 程	14001 千米
实 用 升 限	18288 米

时的连续飞行，抵达澳大利亚，总航程达 12000 千米，成为世界上第一架成功飞越太平洋的无人机。

该机携带有光电、红外传感器系统及合成孔径雷达等多种传感器。在一次任务飞行中，光电/红外侦察范围达 7.4 万平方千米。在近 2 万米的高度，合成孔径雷达可穿透云雨、沙尘暴等障碍，可对运动目标实施连续监视，能够准确识别地面各种飞机、导弹和车辆等目标，条幅式侦察时照片精度达 1 米，定点侦察时精度可达到 0.3 米；对 20～200 千米/小时行驶的地面移动目标侦察时精度达 7 米，素有"大气层内侦察卫星"之称。

该机与现有的"联合可部署智能支援系统"（JDISS）和"全球指挥控制系统"（GCCS）相连接，能够适应美国陆、海、空军不同的通信控制系统，既可以进行卫星通信，又可以进行视距数据传输通信，可将图像直接、实时地传送给指挥官使用，用于指示目标、预警、快速攻击、战斗评估和再攻击。

全球鹰共有 RQ-4A（原型）、RQ-4B（改进型）、RQ-4E（欧洲鹰，RQ-4B 的改进型）等型号。虽然该机采用了隐身技术，但喷气发动机工作时仍会产生一定的红外辐射信号，而且飞行速度不到 600 千米/小时，一旦被对方战斗机锁定，很难逃脱被击落的命运。

（二）美国捕食者无人机

捕食者无人机，英文名称 Predator，由通用原子技术公司研制。机上装有光电/红外侦察设备、GPS 导航设备以及具有全天候侦察能力的合成孔径雷达，可携带"地狱火"反坦克导弹，主要用于小区域或山谷地区的侦察与监视，为特种部队提供详细的战场情报，美军将其描述为"中海拔、长时程"无人机系统。

捕食者无人机是美军装备的一种侦察攻击无人机，共有 A 型和 B 型两种。A 型又分为 RQ-1A 侦察型和 MQ-1A 攻击型；B 型机在 A 型机基础上改进而成，尺寸略大，两者外形基本相同，包括 RQ-9 侦察型和 MQ-9 攻击型。其中，侦察型主要装备光电/红外传感器、合成孔径雷达，攻击型装有激光目标指示器并可挂反坦克导弹。

1994 年 1 月，美国通用原子公司作为主承包商与美国空军签订了关于生产中高度远程"捕食者"无人机的合同。A 型机于 1994 年 7 月首飞，1994 年 10 月交付美国海军 3 架，1995 年开始装备美国空军。B 型机于 1999 年开始研制，2001 年 2 月首次试飞。

MQ-1A 长 8.13 米，翼展 14.8 米，高 2.1 米，装备一台活塞式发动机，空重 512 千克，最大起飞重量 1020 千克，最大飞行速度 217 千米/时，巡航速度 130～165 千米/小时，航程 1100 千米，实用升限 7620 米，续航时间 24~40 小时，机翼下方携带 2 枚"地狱火"反坦克导弹。

经典空战武器装备

MQ-9 长 11 米,翼展 20 米,高 3.81 米,装备一台涡轮螺旋桨发动机,空重 2223 千克,最大起飞重量 4760 千克,最大速度 482 千米/时,巡航速度 313 千米/小时,实用升限 15240 米,续航时间 14 小时(满载),机翼下可挂 8 枚"地狱火"反坦克导弹。

"捕食者"体形较小,可装载在运输箱内进行长途运输。一个典型的"捕食者"系统包括 4 架无人机、1 个地面控制系统、1 个"特洛伊精神 II"数据分送系统。其中,地面控制站采用模块化结构,安装在一辆可空运的 10 米长的独立拖车内,里面设有遥控操作的飞行员、监视侦察操作手的座席和控制平台,以及通信和数据终端等。"特洛伊精神"采用一个 5.5 米长的地面数据终端碟形天线和一个 2.4 米数据分派碟形天线。地面站可将图像信息通过地面线路或"特洛伊精神"数据分派系统发送给操作人员。

该机装有先进的光电/红外侦察设备、GPS 导航设备、具有全天候侦察能力的合成孔径雷达,在 4000 米高处分辨率为 0.3 米,对目标定位精度 0.25 米。该机装备有先进的数字飞行控制系统,可以常规的方式在跑道上起降,起降长度 610 米,也可通过回收系统在舰上回收,当动力或指令控制失灵时,还可以使用降落伞紧急回收。

1995 年 7 月,"捕食者"无人机首次用于波黑战争。1999 年再次用于科索沃战争。2001 年 10 月,MQ-1A 型机在阿富汗首次发射机载导弹对地面目标进行攻击。2002 年 3 月美空军正式组建了第一个武装型"捕食者"无人机中队。2003 年伊拉克战争中,RQ-1A 和 MQ-1A 型机执行 100 多次侦察和攻击任务。

主要参数（MQ-9）	
机　　长	11 米
翼　　展	20 米
机　　高	3.81 米
空　　重	2223 千克
最大起飞重量	4760 千克
最大飞行速度	482 千米/小时
最　大　航　程	1852 千米
实　用　升　限	15240 米
武　器　装　备	8 枚"地狱火"反坦克导弹

美国 MQ-9 攻击型捕食者无人机

经典空战武器装备

（三）美国 X-47 无人机

X-47 是美国研制的新型隐形无人机，绰号"飞马"（Pegasus）。该机现有 X-47A、X-47B 两种型号，由美国诺斯罗普·格鲁曼公司研制，主要装备美国海军，是世界上首架陆基和航空母舰都能使用的无人侦察攻击机。

2000 年 7 月，诺斯罗普·格鲁门公司根据美国海军需求，决定自行投资 4000 万美元研制"飞马"无人机，用于验证无人机从航空母舰上自主起降，以及实施海上侦察、攻击、压制对方防空系统的能力。

2001 年 2 月 26 日，诺斯罗普·格鲁门公司对外展出全尺寸模型。2001 年 6 月，依照美国空军"X"系列的命名，该机正式编号为 X-47A。2001 年 7 月，该机完成制造。2002 年 7 月 18 日，首次进行地面滑跑试验。2003 年 2 月 23 日首飞，

主要参数（X-47B）	
机　　长	11.63 米
翼　　展	18.92 米（折叠后 9.41 米）
机　　高	3.1 米
空　　重	6350 千克
最大起飞重量	20215 千克
巡 航 速 度	1104 千米/小时
最 大 航 程	3889 千米
实 用 升 限	12190 米
武 器 装 备	2 个武器挂架

美国 X-47B 无人机

经典空战武器装备

持续时间12分钟，并成功地在虚拟甲板上完成了起飞和降落。

X-47A为试验机。该机采用大后掠角无尾设计，具有短距起飞/着陆能力，外形类似风筝，具有较强的隐身功能。该机长8.5米，翼展8.465米，机高1.86米，空重1740千克，最大起飞重量2678千克，装有一台涡扇发动机，航程2278千米，实用升限12192米。

2003年4月15日，诺斯罗普·格鲁门公司提出在X-47A基础上发展X-47B。2011年2月4日，第一架原型机（AV-1）首飞；2011年9月，完成巡航飞行测试；2013年5月14日，从"乔治·布什"号航空母舰上首次弹射起飞；2013年7月10日，降落在"乔治·布什"号航空母舰上。X-47B是第一种可在航母上起降的无人机。

X-47B外翼由铝合金部件和碳纤维环氧复合材料蒙皮组成，机长为F/A-18E/F的67%，翼展折叠后仅为69%。该机继承了X-47A的隐身外形，外形酷似B-2，但比B-2要小得多，被戏称为"舰载微缩版的B-2"。X-47B上舰后，一艘航母各种载机数量可以达到150架左右。

X-47B装备一台涡扇发动机，飞行速度0.9马赫，升限12190米，不加油情况下续航时间6小时，设计挂载能力2吨，可挂载空对空导弹、空对地导弹、反舰导弹、炸弹等多种武器，甚至武器舱还可加装2300升的加油吊舱，用于给其他飞机空中加油。

（四）美国 D-21 无人机

D-21 无人机出自洛克希德公司，是美国 20 世纪 60 年代研制的高速高空无人侦察机，绰号"袖珍黑鸟"。该机装备一台当时世界领先的涡喷冲压发动机，最大速度 3.35 马赫（3560 千米/小时），升限高达 29000 米，在 20 世纪 70 年代初期，包括美国自身在内，任何一款防空武器理论上都无法将其击落。

1960 年 5 月 1 日，美国一架 U-2 高空侦察机在苏联上空侦察时被击落，空军飞行员加利·鲍尔斯被俘，导致俄美关系十分紧张。为避免类似事件再次发生，美国决定发展无人驾驶侦察机用于在极危险空域进行侦察。

1962 年 10 月，研制工作开始启动，军方决定以 A-12 作为载机，采用空中发射的方式发射小型无人侦察机，编号 Q-12。1963 年 10 月，最终设计方案确定来，代号"标签"，编号由 Q-12 改为 D-21。

D-21 全机采用钛合金制造，机首两侧有两条天线用来接收控制信号。A-12 的后机身两个尾翼之间设置发射无人机的支架，发射前 D-21 趴在 A-12 的机背上，机首的进气口和机尾的排气口均用整流罩封闭，整个飞机从外型上看像是 A-12 的发动机舱上方的小型三角形机翼与垂直尾翼。

A-12 高速飞行时，以弹道弹射的方式将 D-21 发射出去，然后 D-21 抛掉机首和机尾的整流罩，发动机点火工作并开始加速，通过事先设定的飞行路线进行侦察。

为了减轻重量和降低费用，同时更是为了保密，D-21没有设计回收功能，侦察设备和制导系统均按照模块化设计，装在机头下面侦察设备舱中的可回收容器内。侦察任务结束后，该容器可按预设程序或遥控指令抛投在一定范围内，像回收间谍卫星胶卷舱的方法一样，由经过特殊改装后的JC-130B"大力神"飞机从空中回收。D-21在投下可回收容器后便自动爆炸销毁。

首批D-21A共制造6架，用于进行各项测试。1964年12月22日，A-12搭载D-21首飞。整个设计方案看似可行，但实际操作起来却危险重重。D-21的冲压式喷气发动机在低速下无法工作，因此，A-12必须在高速飞行时才能发射D-21，而在与母机分离时，D-21要小心翼翼地躲避A-12那高耸的垂直尾翼，而A-12也要格外注意D-21随后抛掉的机首和机尾整流罩，整个分离过程稍有不慎就有可能造成灾难性的后果。

由于飞行试验过程中，事故频发，于是在B-52轰炸机下方挂载2架D-21，改由B-52轰炸机挂载发射，称为D-21B。1967年9月28日，首次试验没有取得成功，D-21B从B-52掉了下来，砸在地上。总体来讲，这种模式仍然不是十分理想，12次实验中有8次失败。然而，由于当时中国正在罗布泊进行核试验，D-21B便匆匆上场，不知是D-21B弹射时出现了故障，还是回收时出现问题，4次侦察任务均告失败，此后D-21便悄悄地退出了历史舞台。

主要参数	
机　　长	12.8 米
翼　　展	5.79 米
机　　高	2.14 米
最大起飞重量	5000 千克
最大航程	5500 千米
最大速度	3560 千米/小时
实用升限	29000 米

D-21 无人机趴在 A-12 载机上

经典空战武器装备

（五）美国 RQ-170 无人机

RQ-170 "哨兵"无人机，英文名称 Sentinel，也称为"坎大哈野兽"。该机由洛克希德·马丁公司研制，是美国空军装备的一种战区级新型隐身无人侦察机，主要用于对特定目标实施侦查和监视。

2001 年南海发生 EP-3E 侦察机撞机事件后，美国防部决定研制一种隐形无人机，以避免涉密装备和机组成员落入其他国家。RQ-170 在这种背景下诞生，最早装备位于内华达州托诺帕试验基地的美国空军第 20 侦察中队。

2007 年年底，该机在阿富汗坎大哈国际机场被一名战地记者无意中拍到。由于该机经常在阿富汗南部的坎大哈国际机场出没，也被称作"坎大哈野兽"。后来，由于美国多家媒体不断曝光，直到 2009 年 12 月 4 日美国空军才承认它的存在。

该机沿用了美国隐形飞机的无尾飞翼气动设计，外形与 B-2 隐形轰炸机相似，就像是一只回飞飞镖。与 F-117A 和 B-2 不同的是，RQ-170 的机翼并没有遮蔽排气装置，这样做的目的可能是为了避免敏感部件进入飞机平台后，一旦出现闪失，导致关键技术落入敌方之手。

回飞飞镖是澳大利亚原住民所使用的一种木制飞镖，分为回飞的和不回飞的两种。回飞的飞镖具有特别的弧度，投掷时能像陀螺一样旋转，飞出时像飞机一样倾斜，然后返回投掷者手上。不可回飞的，则是很好的作战和狩猎武器。

RQ-170装备一台涡扇发动机,机上装有电光/红外传感器、主动电子扫描阵列雷达、数据链等电子设备。从"RQ"的代号中来看,RQ-170应该是一种不携带武器的无人机,但也有人认为,该机可能会安装有高能微波武器。

2010年8月,有消息称RQ-170再次向阿富汗进行部署,并且已经具备了全活动视频监控能力。这一消息与日后美国公布的白宫通过视频实时监控打击本·拉登军事行动的情形十分吻合。2011年12月5日,伊朗军方宣布,一架美国RQ-170无人侦察机于12月4日在伊朗西北部城市库姆上空侦察当地核设施情报时被击落。

主要参数	
机　　长	4.5米
翼　　展	20米
机　　高	2米
起飞重量	3856千克
飞行高度	15240米

美国RQ-170无人机

经典空战武器装备

（六）欧洲"神经元"无人机

"神经元"无人机，英文名称 Neuron。该机采用全数字仿真设计，是欧洲自主研制的第一种隐形无人侦察攻击机。该机由法国牵头研制，法国达索航空公司负责项目管理、系统构架设计、飞行控制系统和总装，瑞典、意大利、西班牙、瑞士和希腊等国家参与。

"神经元"无人机源于法国达索公司研制的 AVE 无人战斗机。20 世纪 90 年代末，达索公司启动了无人机的研制工作，使得法国成为欧洲第一个研究与发展无人机的国家。开始，"神经元"项目进展比较顺利，但后来由于技术和资金等方面的问题，后续研发工作相对缓慢。

2005 年，由法国达索公司设计的"神经元"全尺寸模型在巴黎航展上公开亮相，引起了欧洲各国对无人作战飞机的极大关注。为了摆脱美国的控制，法国、希腊、意大利、西班牙、瑞典和瑞士等欧洲 6 个国家决定自主研制无人攻击机。2006 年 2 月，"神经元"无人机项目正式签署合同。此后，各个国家按照项目分工开始研发设计。

其中，法国泰莱斯公司负责提供数据中继设备和指挥控制接口；瑞典萨伯公司协助达索公司进行总体设计和试飞工作，并提供中机身、航空电子设备和燃油系统；意大利阿莱尼亚航空公司负责提供发射/弹射系统、电气和空速子系统并参与试飞；西班牙航空制造股份有限公司负责提供机翼、数据链和地面站；希腊航宇工业公司负责提供后机身、尾喷管和综合装配架；瑞

士RUAG公司负责风洞试验和提供武器发射装置。

2012年12月1日,"神经元"验证机成功首飞。2012年12月19日,法国达索飞机制造公司在其工厂所在地举行发布会,对外公开展示还处于试验阶段的"神经元"无人机。该机长9.5米,翼展12.5米,空重4900千克,最大起飞重量7000千克,装有一台英法合制的"阿杜尔"发动机,飞行速度0.8马赫(980千米/每小时),最大续航时间3小时。

"神经元"与美国X-47B无人机十分相近,借鉴了B-2A隐身轰炸机的设计,采用全复合材料结构、无尾布局和翼身完美融合的外形设计,其W形尾部、直掠三角机翼以及锯齿状进气口遮板,几乎就是B-2的缩小版,雷达反射面积相当于一只麻雀,隐身性能十分突出。

该机综合运用了自动容错、神经网络、人工智能等先进技术,具有自动捕获和自主识别目标的能力,可以在不接受任何指令的情况下独立完成飞行,并在复杂飞行环境中进行自我校正,也可由指挥机控制其飞行或作战,智能化程度达到了很高的水平。

该机集侦察、监视、攻击于一身,机上设有2个内部武器舱,可携带2~4枚空对空导弹或2枚500磅激光制导或GPS制导炸弹。该机不仅能完成侦察、监视、通信中继和电子干扰等任务,还可以在其他无人侦察机的配合下或在前方空中控制员的指挥下,发射巡航导弹或联合直接攻击弹药攻击防区外目标。

经典空战武器装备

目前，"神经元"还是一个实验机，预计到2030年才能装备部队。

主要参数	
机　　长	9.5米
翼　　展	12.5米
机　　高	4900千克
最大起飞重量	7000千克
巡　航　速　度	980千米/小时
实　用　升　限	14000米
武　器　装　备	2个武器挂架

欧洲"神经元"无人机

（七）以色列苍鹭无人机

"苍鹭"无人机，英文名称 Heron。该机由以色列飞机工业公司马拉特子公司研制，主要用于实时监视、电子侦察和干扰、通信中继、炮兵火力校射和海上巡逻等任务，并可用于民间地质测量、环境监控、森林防火等。

"苍鹭"无人机共有"苍鹭 1""苍鹭 2""苍鹭 TP"等型别。其中，"苍鹭 1"在 20 世纪 80 年代开始投入使用。"苍鹭 2"于 1993 年底开始研制，1994 年 10 月 18 日第一架原型机首飞。"苍鹭"虽然出自以色列人之手，但第一个使用者并不是以色列，而是印度。2001 年，印度向以色列首批定购了 25 架"苍鹭 2"，其中在 2002 年就交付了 15 架。

"苍鹭"采用平直上单翼、短机身、双尾撑的常规布局，采用复合材料结构机体、整体油箱机翼、可收放式起落架设计，外观就像一只大鸟，螺桨推进器位于机体后侧，机体下部中央设计有较大的天线罩，内置雷达和数据链天线，飞机头部探出一个貌似蘑菇的天线，机舱内布满各种电子侦察设备。

该机长 8.5 米，翼展 16.6 米，高 2.3 米，起飞重量 1150 千克，任务设备重量 250 千克，燃油重量 400 千克，续航时间 20~45 小时，最大平飞速度 220 千米/小时，巡航速度 110~148 千米/小时，最大升限 9200 米，航程 350 千米，装备 1 台四冲程涡轮增压活塞发动机。

2006 年 7 月 15 日，苍鹭 TP 首飞，以色列称之为"埃坦"（Eitan）。

经典空战武器装备

该机由以色列飞机工业公司（IAI）研制，2009年在加沙地带对哈马斯组织空中打击时首次投入实战使用，2010年2月正式服役，是以色列国防军装备的大型高空战略长航时无人机，也是以色列目前装备的最大的无人驾驶飞机。

该机螺桨推进器位置和机体布局与"苍鹭"类似，机身长13米，翼展26米，最大起飞重量4650千克（最大负载1800千克），最大续航时间52小时，满负载时续航时间约36小时，最大升限14000米，采用一部1200马力的增压活塞发动机，体积是原来"苍鹭"无人机的3倍，大小接近波音737（波音翼展28米），连续飞行能力也优于老款"苍鹭"。

"苍鹭"无人机系统由一部地面站和3架无人机组成，其中地面站有2名操纵工作人员。该机装备合成孔径雷达、海上扫描雷达、激光测距仪、日光和夜视摄像机、GPS导航系统、通信情报等设备，可自动探测和跟踪水面目标，能自主对目标进行识别和分类，所获得的视频和数据可通过数据链传输给地面控制站，采用超视线数据链时使用半径可达350千米，数据实时传输距离在有中继时可达1000千米，每架"苍鹭"监控面积达50～60平方千米，可同时跟踪32个目标。

"苍鹭"采用轮式起飞和着陆方式，飞行中则由预先编好的程序控制，可以在任何天气条件下昼夜执行任务。该机能够侦察地面人员，判断对方是平民还是武装人员，是以色列最先进的无人机。此外，该机还可以携带武器，并装备有火控系统，从以色列起飞，最远可到达伊朗，甚至可以攻击伊朗的核设施。

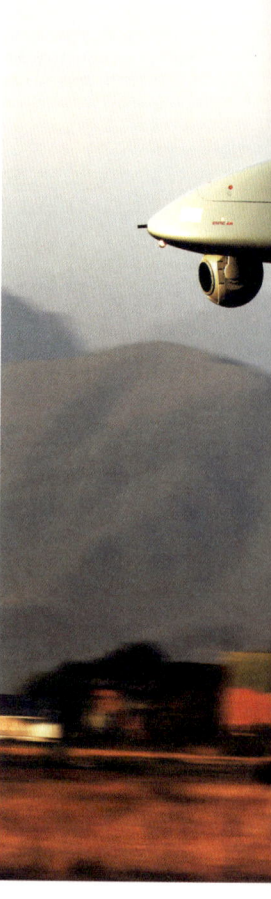

以色列"苍鹭TP"无人机

主要参数("苍鹭TP")	
机　　长	13米
空　　重	2000千克
翼　　展	26米
最大起飞重量	4650千克
最高飞行速度	370千米/小时
最大航程	7400千米
实用升限	14000米

经典空战武器装备

（八）以色列"哈比"无人机

"哈比"无人机，英文名称 Harpy，是以色列航空工业公司（IAI）研制的一种多功能无人机。由于该机在攻击目标时类似从天而降的鹰隼，勇猛、凶残而不顾性命，因此，以希腊神话中长着鹰身的女妖的名字"哈比"（Harpy）命名。

1997年巴黎航展上，"哈比"首次公开展出。与大多数无人机不同的是，"哈比"集无人机、导弹和机器人技术为一体，主要采取卡车发射。系统由两大部分组成，一是用于攻击目标的反辐射无人机，二是用于控制和运输的地面发射平台。基本火力单元由54架无人机、1辆地面控制车、3辆发射车和辅助设备组成。每辆发射车共有9个发射箱，每箱装有2架，共18架。

"哈比"无人机结构简单，采用小展弦比三角翼的无平尾式布局，机身呈圆柱状，与机翼融合为一体。机身由铝材制成，表面覆有能够吸收雷达波的复合材料，具有一定的隐身功能。装有一台双冲程双缸活塞发动机，采用普通车用汽油或航空汽油作为燃料，

主要参数			
机　　长	2.7 米	作战半径	400~500 千米
翼　　展	2.1 米	飞行速度	185 千米/小时
机　　高	0.36 米	实用升限	3050 米
发射重量	135 千克		

以色列"哈比"无人机

能在1668米高度飞行1000千米，作战半径400～500千米，续航时间在4小时以上。

该机装有以色列自行研制的被动雷达导引头、计算机系统、全球定位系统，以及确定打击次序的分类软件。发射升空后，沿设计好的轨道飞向目标所在地区，通过空中盘旋飞行搜寻辐射源，然后对截获的不同雷达信号进行分选、判断、识别出预先存储的目标信号，然后进行跟踪攻击，攻击精度达到5米。没有发现目标时，可自行返回基地。

该无人机系统整个作战过程分为发射、巡逻和攻击三个阶段。在发射阶段，全部发射箱可依照作战任务的实际需要调整到一定发射角度，然后按顺序发射，也可以成组发射或同时齐发。当采取集群作战方式时，每架飞机发射间隔不超过1分钟，54架无人机可以在40分钟内全部发射出去。

发射后，"哈比"按照预编程序，利用导航系统自主飞行到目标区，通过雷达导引头不断搜索捕捉敌方雷达。当发现可疑的雷达频率时，会自动与敌方雷达数据库进行比较，如果目标信息判断正确，便转入攻击模式。

在攻击阶段，"哈比"在雷达信号的引导下，及时调整为攻击状态，然后以近90°的俯冲角度向目标冲去。为了对雷达天线和周围设施造成最大程度的破坏，该机通常设定在目标上方引爆装有32千克炸药的战斗部，与敌方雷达同归于尽。

（九）美国火蜂无人机

"火蜂"（Firebee）无人机，由美国瑞安公司研制，是世界上最早采用喷气动力推进的无人机，也是有史以来最广泛使用的靶机之一。该机共有多个改进型，可担负侦察、电子战、飞行试验、对地攻击等任务，广泛用于越南战争。

该机应美国军方的要求于1948年开始研制，首架XQ-2原型机于1951年初首飞，共有三代。第一代"火蜂"主要有空军采购的Q-2A（装有1台推力为481千克的J69-T-19B涡喷发动机）、Q-2B（动力比Q-2A有所提升）；海军采购的KDA-1（与Q-2A性能基本相同，装有1台推力为453千克的J44-R-20B涡喷发动机）、KDA-4，其中，XKDA-2、XKDA-3为试验机型。

第二代"火蜂"称为Model 124系列，最初命名为Q-2C，1958年首飞，1960年投入生产，1963更名为BQM-34A（装有1台推力为770千克的J69-T-29A涡喷发动机），每架C-130运输机翼下可挂载4架。与此同时，海军使用的KDA-1和KDA-4分别更名为AQM-34B和AQM-34C，海军还采购了部分BQM-34A。另外，陆军装备有地面发射的MQM-34D。

20世纪70年代，陆军对部分MQM-34D进行了改进，升级为MQM-34D-2型；海军将BQM-34A升级为BQM-34S。BQM-34A于1982年停产，但生产线一直保留至1986年，以便生产更多的BQM-34S。20世纪90年代后期，部分"火蜂"甚至装有GPS卫星导航接收机。

第三代"火蜂"-2 为 Model 166 型系列，飞行速度大于 1 马赫。该型机于 1965 年开始研制，1968 年首飞，海军版称为 BQM-34E，20 世纪 70 年代中期升级后称为 BQM-34T；空军版称为 BQM-34F，略重于 BQM-34E。

该机采用中间悬挂式机翼，机翼后掠，翼尖有一个倾角，发动机在腹部有一个膨胀的喷射口，进气口为椭圆形，初期型号为圆形。机身呈圆形且向后逐渐缩小，机鼻比较尖，尾部为锥形，腹部有一个副翼。水平尾翼为上部高挂形且向后掠。

美国火蜂 BQM-34S 无人机

主要参数（BQM-34A）	
机　　长	7.0 米
翼　　展	3.91 米
空　　重	680 千克
起飞重量	1135 千克
最大速度	1140 千米/小时
实用升限	18300 米
续航时间	1 小时 15 分

第七章　无人机

经典空战武器装备

（十）英国"雷电之神"无人机

"雷电之神"，是英国研制的第一种隐形无人战斗机。该机以希腊神话中的"雷电之神"命名，英文名称 Taranis。该机由英国 BAE 系统公司、Qinetiq 公司、劳斯莱斯公司和 GEAviation 公司研制。

由于英国未参加"神经元"项目，2005 年 3 月，英国宣布自行研制无

主要参数	
机　　长	12.43 米
翼　　展	10 米
机　　高	4 米
起飞重量	8000 千克
飞行速度	1 马赫

英国"雷电之神"无人机

经典空战武器装备

人战斗机。2006年12月，英国国防部与英国BAE系统公司签订研制合同。2007年9月，首架样机开始生产。2008年2月，开始组装。2010年，进行地面测试。2010年7月12日，英国国防部对外正式公布样机。最初，该机定于2011年进行第一次试飞，后来，推迟到2012年，然后又推迟到2013年。

"雷电之神"试验样机成本高达1.43亿英镑（约合人民币14.6亿元），共花费了100多万个工时。然而，与研制有人驾驶飞机相比，即使第三代机至少也要投入数百亿人民币，该机投入还是相对较少的。

作为首架高科技隐形无人机的样机，该机可谓英国国防部和工业界合作的产物，其目的不仅是检验英国在无人机制造方面的高尖端技术，同时也是为下一代无人机的设计制造做准备。

"雷电之神"采用全隐身设计，进气道位于飞机背部，采用的隐身技术可与美国最先进的技术媲美。机上装有一台阿杜尔951型涡扇发动机，外观酷似电影《星球大战》中的飞行器，尺寸与英国"鹰"式喷气式教练机类似，像是一个有棱有角的小飞碟。

该机配备有自动人工智能系统和识别系统，可以自主判断威胁等级并作出反应，从而免遭敌方有人和无人敌机的攻击。机身内置2个弹舱，可以携带导弹等武器。该机可以在地面控制人员的指挥下执行任务，也可以通过卫星通信系统和地面人员取得联系或者自动运行，执行精确打击远程和跨洲际目标的任务，其战斗性能越来越接近于攻击型战斗机。

三、无人机背后的故事

经典空战武器装备

夺命无人机

2011年9月，一支由"捕食者"无人机组成的攻击编队，从沙特阿拉伯沙漠里的一处中情局秘密基地起飞，越过边境进入也门，开始耐心地跟踪一个正在也门沙特边境行进的车队。就在车队停下来吃早餐的时候，他们突然发现2架无人机正在他们附近的上空盘旋，这些人立刻向汽车跑去。

然而，一切都晚了。MQ-1"捕食者"无人机向车队发射了激光束，MQ-9"收割者"无人机随即发射了导弹。导弹在激光束的引导下准确击中车辆，所有人当场全部死亡，其中包括基地组织的两个人物安瓦尔·奥拉基和萨米尔·罕。

安瓦尔·奥拉基（Anwar al-Awlaki），美籍也门裔激进派穆斯林教士，阿拉伯半岛分支重要人物，拥有美国和也门双重国籍，拥有"网络本·拉登"的绰号。萨米尔·罕是一份圣战主义网络杂志的编辑，主要负责基地组织的宣传工作。

本·拉登被击毙之后，安瓦尔·奥拉基成为中情局通缉名单上的第一人。为了除掉奥拉基，美国情报机构在基地组织阿拉伯半岛分支中招募了一名线人，由他提供有关安瓦尔·奥拉基动向的情报。

2001年11月，随着阿富汗塔利班政权的迅速垮台，阿富汗境内的基地组织成员纷纷躲进了边境地区的崇山峻岭之中，与美国人玩起了"捉迷藏"的游戏。由于阿富汗边境地区地理环境十分复杂，加之基地组织成员活动没有规律，美军地面搜剿行动屡屡受挫。为此，美国人决定将"猎杀"基地组织分子的重任交给无人机来完成。

其实就在阿富汗战争爆发不久，美军的"捕食者"无人机就投入到实战之中。2001年11月14日晚，美空军"捕食者"无人攻击机捕捉到"基地"组织第三号人物穆罕默德·阿堤夫的行踪，随即在后方基地指挥下，与F-15E战斗机联合攻击，将其炸死，创造了人类战争历史上无人驾驶飞机攻击地面目标的首个成功战例。

2002年3月，美国空军正式组建第一个武装型"捕食者"无人机中队。2002年11月4日，中央情报局在也门马里卜省穆夫拉杰山地区发动无人机空袭，"捕食者"发射一枚"地狱火"空对地导弹，摧毁1辆行驶中的吉普车，将车上的本·拉登高级助手哈里斯炸死，攻击的精准度达到惊人的水平。

2006年，在"菲律宾的军事行动"中，一架"捕食者"无人机密集发射"地狱火"导弹，击中了菲律宾丛林中的一个疑似军营。此次行动，虽然没有击毙印度尼西亚恐怖分子奥马尔·帕特克，却打死了军营中的其他人。

2006年，美军驻伊拉克部队用无人机对一所孤立房子进行空袭，"基地"恐怖组织领导人阿卜·穆萨卜·扎卡维被炸死。此后，几乎所有被击毙的恐怖分子头目都跟美国的"捕食者"无人机有关。

据统计，2006年至2009年4月，美国"捕食者"无人机在巴基斯坦境内对"基地"组织领导人共发动了48次袭击，至少杀死9名高级领导人。2009年12月8日，美军出动无人机在巴基斯坦北瓦济里斯坦靠近阿富汗边境地区发动空袭，打死3名武装人员，包括"基地"组织当时的三号人物阿布叶海亚利比。

2010年1月14日，一架美军无人机向巴基斯坦西北部靠近阿富汗边界的北瓦济里斯坦部落地区发射了2枚导弹，击中塔利班武装在当地的一个训练据点，至少10人被炸死。巴基斯坦塔利班头目哈基穆拉·马哈苏德在空袭中受伤，后不治身亡。

2010年2月15日，"捕食者"无人机在巴基斯坦北瓦济里斯坦地区行动时，用导弹击中一辆汽车，车上的恐怖组织"东突厥斯坦伊斯兰运动"（简称"东伊运"）头目阿卜杜勒·哈克·阿尔－蒂尔基斯坦尼及其两名同党当场身亡。

新美国基金会宣称，2004年至2010年，美国无人机仅在巴基斯坦西北部地区就打死了830～1210人。

第八章 运输机

一、运输机概述

运输机是一种用于运输兵员、武器装备和其他军用物资,并能空投伞兵和军用装备的军用飞机,英文名称 Transport Aircraft。军用运输机具有在复杂气候条件下飞行和在简易机场上起降的能力,有的还装有自卫武器及电子干扰设备,自问世以来,在多次重大战争中都发挥了重要作用。

军用运输机由机体、动力装置、起落装置、操纵系统、通信设备和领航设备等组成,大多采用2~4台涡轮风扇或涡轮螺旋桨大功率发动机,机身舱门宽敞,在舱门处设有货桥,与飞机底板相接,底板上有滚动装置,机舱内有起吊装置,舱门、货桥、起吊装置由液压或电动机构操纵,便于快速装卸大型装备和物资。

（一）运输机的历史

飞机诞生后不久，为了体验空中飞行带来的乐趣，一些好奇人士便搭乘飞机飞上天空，但他们的目的并不是为了出行。1910年6月13日，在美国《纽约时报》和费城《大众记事报》合办的一次飞行大赛中，有一名叫汉弥登的年轻飞行员，驾驶着一架螺旋桨推进式双翼机，经过281千米的飞行，将一封纽约市市长表示敬意的信送给了宾夕法尼亚州州长，开创了航空运输的先河。

1911年2月，英国飞行员蒙斯·佩凯在印度驾机为邮政局运送了第一批邮件。1911年7月初，英国飞行员霍雷肖·巴伯将一名女乘客从肖拉姆运送到亨登，并为通用电气公司将一纸箱"奥斯拉姆"灯空运至霍夫。这是世界上第一次客货空运。

1916年，英国的乔治·霍尔特·托马斯创建了飞机运输和旅游公司，这是世界上第一家飞机空运公司。1919年8月25日，飞机运输和旅游公司首次开辟了定期国际航班，航线是伦敦至巴黎。在第一次世界大战期间，还没有发生明显的空运行动，更没有专门的军用运输机。早期的空运业务使用的大都是经过改装的军用飞机，它们不适于运送货物和乘客的需要。

1919年，由德国的容克斯设计的世界上第一架全金属民航客机F-13试飞成功。该机可以装载4名旅客，飞行速度136千米/小时。这种客机是当时欧洲最先进的飞机，并向其他国家出口，当时中国就引进了9架。

20世纪30年代初期，现代民航客机终于出现。1930年9月3日，由德国容克公司设计的Ju 52/1m原型机试飞成功。1932年，由第7架Ju 52/1m机身改装的三发Ju 52/3m客机原型机问世。1932年5月，德国国营汉莎航空公司获得第一架Ju 52/3m（编号D-2201号）并于8月25日参加了环阿尔卑斯山脉的飞行。该机先后被改装为军用运输机型和轰炸机型，先后参加了摩洛哥与西班牙的战争、第二次世界大战中的主要运输和空投伞兵行动。

德国JU 52-3m运输机

经典空战武器装备

1933年是运输机发展史上具有重要意义的一年。2月8日，波音247D原型机载着10名乘客首次试飞。该机巡航速度304千米/小时，航程1200千米。7月1日，道格拉斯公司DC-1型运输机首次飞行，后来改进定型为DC-2型。该机载客数量16人，巡航速度274千米/小时，航程1900千米。

1935年，道格拉斯公司推出了有史以来最有影响的运输机DC-3，它为发展和建立可靠的世界航空网、促进航空运输做出了巨大贡献。DC-3载客数量21~36人，巡航速度290千米/小时，航程2400千米。DC-3共生产约11000架，几乎世界上所有大型航空公司和众多小型航空公司都使用过这种飞机。

DC-3的军用型号为C-47。该机于1935年12月首次试飞，1940年开始装备部队。C-47作为第二次世界大战中的主要军用运输机，主要用于空运物资和兵员，也可空投伞兵，先后参加过西西里岛、诺曼底等登陆作战行动，并广泛用于中国的驼峰航线，运送物资数量达59万吨。

1936年11月至1939年3月，苏联从美国购买了18架DC-3民航客机，其中两架是分解状态的散件，并购买了该机的制造权。1941年，苏联开始仿制生产DC-3，改称为里-2，同年夏季达到月产30~40架的速度。其中，里-2T和里-2D为军用型。里-2T共有4名机组成员，可容纳20名士兵或15副担架。里-2D为伞兵型，尾部有滑翔机拖曳钩。后期型在左侧乘员舱门上有气泡舷窗，以便观察伞降情况。

第二次世界大战中，军用运输机参加过无数次空运空降行动，对支援地面作战乃至扭转整个战场局势起到了不可估量的作用。1940年4月，德军

出动 500 多架运输机对挪威采取了空中突击行动，成为了军事史上第一次成功实施空降入侵与空运补给战例。1944 年的诺曼底登陆战役中，盟军共动用各种运输机 2400 余架、滑翔运输机 1130 架，空投 35000 人、火炮 504 门、坦克 110 辆和后勤物资 1000 吨。

冷战时期，为了打破苏联占领军对西柏林的交通封锁，西方国家于 1948 年 6 月 26 日至 1949 年 9 月 30 日组织了历史上著名的"柏林空运"。在 15 个月内，共有 277569 架次运输机向 250 万居民运送了 230 万吨生活用品，总周转量高达 11.22 亿吨 / 千米。其中在 4 月 16 日的一天之内就有 1398 架次飞机运输 12940 吨物资。

越南战争期间，美国曾出动 C-46、C-119、C-130 运输，执行空中补给、伞降和秘密运输任务。在苏联发动的阿富汗战争中，苏军于 1979 年 12 月 24～26 日共出动大型运输机 280 架次，向阿富汗喀布尔国际机场和巴格兰空军基地空运 5000 多名官兵和大量武器装备。

海湾战争中，美军共动用 C-5、C-17 等运输机 350 架以及 180 架民航客机、货机，累计运输 44 万人和 44 万吨军事物资到战争前线。其中，仅前两个月内就完成 14.5 万飞行小时任务，总周转量为 20 亿吨·千米。2003 年的伊拉克战争，美军向海湾地区的空中增兵活动又再一次上演。

（二）运输机的分类

一是按运输能力区分，军用运输机主要包括战略运输机和战术运输机。战略运输机航程远、载重量大，主要用来载运部队和各种重型装备实施全球快速机动，如美国 C-5、C-17、俄罗斯安 -22 运输机。战术运输机用于战役战术范围内遂行空运任务，如美国 C-130、乌克兰安 -12 和中国运 -8。

二是按航程区分，军用运输机主要有短程运输机、中程运输机和远程运输机。远程运输机的载重航程一般在 4000 千米以上，起飞重量一般在 150 吨以上，巡航速度一般在 700～800 千米/小时以上，起降性能好，主要用于执行远距离运输后勤物资、大量兵员和重型武器装备的任务。

中程运输机的载重航程一般为 1000～4000 千米，起飞重量一般在 100 吨以下，巡航速度一般在 500～800 千米/小时，主要用于战役战术范围内运送后勤物资、空投军用物资、运送伤员、近距人员调动、空降伞兵等。

短程运输机的载重航程一般为 800～1000 千米，载重量较小，巡航速度一般在 500 千米/小时以下，多在前线的中、小型野战机场起降，具有较好的短距起落能力。

三是按载重区分，军用运输机主要有中型运输机和重型运输机。其中，中型运输机起飞重量 60~80 吨，载重量 20 吨左右，可运送 100 多名士兵；重型运输机起飞重量一般在 150 吨以上。

（三）运输机的特点

与民用运输机相比，军用运输机具有货舱容量大、快速装卸能力强、可使用简易机场等特点；与其他军用飞机相比，特别是战斗机、轰炸机、战斗轰炸机和攻击机等作战飞机相比，运输机相对来讲机体较大、飞行速度较慢、起降距离较长、缺乏自卫武器、防护能力较差。

（四）运输机的未来

一是发展大型运输机。为提高军队的应急反应、战略机动、快速部署和紧急干预能力，以便快速、及时地将部队投放到冲突地区，世界许多国家都把大型军用运输机作为发展的重点。

二是提高短距起降能力。为增强一线部队的作战实力，除了要求军用运输机具有战略运输机的长航程、大载运量外，还要求具备战术运输机一样能在未铺设的跑道上短距起降的能力，以便更加直接地将人员和物资运送到前线机场，完成向前线的运送补给任务。

三是提高战场生存能力。由于军用运输机体形大、飞行速度慢，只有少数装有尾炮和其他武器，军用运输机的防卫能力普遍较差，随时都有可能遭到敌方各种火力的攻击。因此，除了增大运输机的防护装甲厚度外，还将为其安装电子干扰设备，并采用一定的隐身技术。

二、经典运输机

经典空战武器装备

（一）美国 C-130 运输机

C-130 运输机，绰号"大力神"（Hercules），是美国洛克希德·马丁公司在 1951 年根据美国空军和陆军的要求开始研制的四发中型多用途战术

主要参数（C-130H）			
机　　长	29.8 米	最大载重	33 吨
翼　　展	40.4 米	最大速度	592 千米/小时
机　　高	11.6 米	爬 升 率	9.3 米/秒
乘　　员	5 人	实用升限	10060 米
空　　重	34.4 吨	最大航程	3800 千米
起飞重量	70.3 吨（最大）		

澳大利亚皇家空军 C-130J 运输机

经典空战武器装备

运输机。该机是美国最成功、最长寿和生产最多的现役运输机,在美国战术空运力量中占有核心的地位,同时也是美国战略空运中重要的辅助力量。

"柏林事件"发生后,1951年,刚刚由美国陆军独立出来的美国空军便向各大航空公司提出研制新型运输机的要求。1952年11月,洛克希德·马丁公司的设计方案在众多竞争对手中最终获胜。1954年8月23日,原型机YC-130在加州伯班克完成首次飞行。1953和1954年,美国空军先后订购了27架C-130。1956年12月,开始交付美国空军战术空运联队。

该机共有A、B、C、D、E、H、J、K等40多个型号,产量2260多架。C-130A于1955年4月7日首次试飞,1956年12月开始交付给美国空军,1959年2月停产,共生产231架。C-130B于1958年11月20日首次试飞,1959年6月12日开始交付使用,共生产230架。C-130C为科研试验机,原型机于1960年2月首飞,后来计划取消。C-130D是C-130A的改进型,可由助推火箭辅助起飞,主要用于极地运输,共生产12架。

C-130E是C-130B的发展型,基本结构与C-130B相同,航程有所增加,共生产510架。C-130H与C-130E相同,1957年4月开始交付使用,是美国空军主要的战术空运运输机,同时也是主要的出口型号,1996年停产。C-130J是C-130系列中的最新型,除航电系统升级、所需飞行组员减少为3人之外,货舱长12.19米,高2.74米,最大宽3.12米,最小宽3.04米;可运载5个军用标准的463L货盘(2.24米×2.67米);最大起飞重量提高至74400千克,最大巡航速度645千米/小时,最大爬升率10.6米/秒,起飞距离930米,着陆距离427米,最大载重航程5250千米。

（二）美国 C-141 运输机

C-141 运输机，绰号"运输星"（Starlifter），是美国空军主力战略运输机之一，主要担负运送人员和物资的任务。该机由洛克希德·马丁公司佐治亚州分部研制，是世界上第一种完全为货运设计的喷气式飞机，也是第一种使用涡扇发动机的大型运输机。

1960 年春季，美国空军提出要建造一种能够执行战略和战术空运任务的运输机，以取代活塞式运输机，要求该机载重量不低于 27 吨，飞行距离不少于 6500 千米，并能够低空空投物资和空投伞降部队。

1963 年 12 月 17 日，C-141 实现首飞；1964 年 4 月，美国军事空运司令部首批订货 127 架；1965 年 4 月，交付美国空军使用；自 1965 年服役后，该机先后取代了 C-135、C-124 和 C-118 等运输机，成为美军运输重型军用物资的主力；由于越南战争需要，美国空军于 1967 年又两次增加订货；1968 年 2 月，该机正式停产；2006 年 5 月 5 日，全部退役。

该机共有 C-141A、C-141B、C-141C 等型号，其中，C-141A 为基本型，C-141B 为 A 型的加长型，C-141C 为 B 型的改进型，性能与 B 型基本一致。该机机身采用铝合金半硬壳式破损安全结构，悬臂式上单翼，全金属结构 T 形尾翼，液压收放前三点式起落架。生产数量 285 架，其中美国空军采购 284 架，美国国家航空航天局采购一架作为机载天文台。

经典空战武器装备

由于受 C-141A 型运输机货舱容积的限制，飞机常常达不到最大的起飞重量，此外，为了提高该机的航程，1976 年，洛克希德公司根据美国空军的要求，开始对 270 架 C-141A 型进行改装。1977 年 3 月，原型机 YC-141B 首次试飞；1979 年 12 月，第一架交付使用；1982 年 6 月，270 架全部改装完毕，整个改装工作历时 4 年，耗资 6.5 亿美元。

改装后，C-141B 机身加长 7.11 米；货舱容积增加 61.48 立方米，装载能力提高 30%。为加大航程，机上加装了空中受油设备。此外，还改装了机翼根部整流罩，使升力分布更加合理，提高了飞机的抗疲劳强度，改装后的飞机寿命可延长 12～18 年。

C-141B/C 型长 51.29 米，机高 11.96 米，翼展 48.74 米；使用空重 65542 千克，最大起飞重量 147000 千克，最大载重 40439 千克；装有 4 台 TF33-P-7 涡轮风扇发动机，分别位于 4 个翼下吊舱内；10 个机翼整体油箱总燃油量 89300 升；最大巡航速度 912 千米/小时，实用升限 12500 米，最大载重航程 4723 千米，转场航程 9880 千米。

该机乘员 5 人，货舱长 28.44 米，宽 3.11 米，高 2.78 米，容积 245.89 米^3；主货舱可载 154 名士兵或 124 名伞兵，或 80 名担架伤员及 8 名医护人员；可轻松装载长达 31 米的大型货物；也可运送卡车、运油车、轻型坦克、吉普车、榴弹炮等武器装备，还可以运送"民兵"战略弹道导弹。该机自问世以来，先后参加越南战争、中东战争、海湾战争、伊拉克战争的空运行动，在海湾战争期间，共飞行 37000 架次，其中有 90% 的架次能准时抵达目的地。

美国空军 C-141B 型运输机

主要参数（C-141B）	
机　　长	51.29 米
翼　　展	48.74 米
机　　高	11.96 米
乘　　员	5 人
空　　重	65.542 吨
起飞重量	147 吨（最大）
最大载重	40.439 吨
最大速度	912 千米/小时
爬 升 率	13.2 米/秒
实用升限	12500 米
最大航程	9880 千米

第八章　运输机

经典空战武器装备

（三）美国 C-5 运输机

C-5 运输机，绰号"银河"（Galaxy），由洛克希德公司研制。该机是美国现役载重量最大的军用运输机，能够在全球范围内运载超大规格的货物，能够将美国陆军、空军和海军陆战队各种重型武器装备运送到全球各地，并能在相对较短的距离内起飞和降落。

1960 年代，随着美国"全球战略"的确立，美军对战略空中机动提出了很高的要求。此时，C-133、C-124 等运输机已接近寿命周期，而 C-141 运输机由于机舱宽度与设计的因素，有 7% 的空降师、22% 的步兵师或 32% 的装甲师的装备无法实施空运，而且这种差距会随着陆军采用更多的重型装备而加剧。

1964 年 3 月，根据美国陆军的需求要求，美国空军正式发出设计需求，并将该计划正式命名为 C-5A。其中，要求新设计的运输机装有 4 台推力 4 万磅的涡轮扇发动机；巡航速度不低于 0.77 马赫；携带 50 吨货物时飞行距离 9900 千米，100 吨时 4860 千米；货舱宽 5.3 米，前后直通，能够前后同时装卸货，并且能够执行空投任务。

1964 年底，美国空军将机体设计交给波音、道格拉斯与洛克希德公司，发动机交由通用电气公司和普雷特·惠特尼两家公司。1965 年 9 月，洛克希德·马丁公司胜出。1968 年 6 月，C-5 原型机首飞；1970 年 6 月，开始装备部队。

　　C-5 运输机共有 C-5A、C-5B、C-5C、C-5M 等型号。其中，C-5A 是最早的 C-5，1969 年到 1973 年共生产 81 架；C-5B 是 C-5A 的改良版，1986 年至 1989 共生产 50 架；C-5C 是临时修改版，只生产两架，装备美国国家航空航天局；C-5M 是最新升级版，加装有全球空中交通管理系统、新型液晶显示器、导航与自动安全装置、新型自动驾驶系统等设备，首架于 2002 年 12 月 21 日交付使用。

　　C-5 运输机采用悬臂式上单翼，机身采用蒙皮、长桁和隔框组成的半硬壳式破损安全结构，截面呈 8 字形。货舱为首尾直通式，驾驶舱下面的机头罩可向上打开，能从前后货舱门同时装卸货物。机上装有货物空投和伞兵空降设备，既可空投货物，也可空降伞兵。

　　该机通常有 7 名机组成员（最少 4 名），包括 1 名机长、1 名驾驶员、2 名机械师、3 名装卸员，上层货舱前部有可供 15 个人员休息舱间，上层舱可载运 75 名士兵，下层主货舱可载运 270 名士兵，一次可运载约 350 名全副武装的士兵，或 2 辆 M1 型坦克，或 16 辆载重卡车，或 6 架 AH-64 攻击直升机，或 36 个 463L 标准集装货盘等。

　　C-5B 长 75.31 米，翼展 67.89 米，机高 19.84 米；上层货舱长 30.19 米、宽 4.20 米（后段 3.96 米）、高 2.29 米，容积 227.4 立方米；下层货舱长 36.91 米、宽 5.79 米、高 4.11 米，容积 985 立方米；使用空重 172370 千克，最大起飞重量 381000 千克，最大载重 122470 千克；最大燃油重量 150815 千克；最大平飞速度 932 千米/小时，巡航速度 919 千米/小时；实用升限 10600 米；最大载重航程 5526 千米，最大燃油航程 10411 千米。

美国空军 C-5 型运输机

主要参数（C-5B）	
机　　长	75.31 米
翼　　展	67.89 米
机　　高	19.84 米
乘　　员	4~7 人
空　　重	172.37 吨
起飞重量	381 吨（最大）
最大载重	122.47 吨
最大速度	932 千米/小时
爬 升 率	9.14 米/秒
实用升限	10600 米
最大航程	10411 千米

（四）美国 C-17 运输机

C-17 运输机，绰号"环球霸王"（Globemaster），由麦道公司（现并入波音公司）研制。该机集战略空运和战术空运能力于一身，是目前世界上唯一可以同时适应战略和战术任务的运输机。

1980 年 2 月，美国空军提出 C-X 重型运输机的需求草案，要求新的运输机在担负起战略运输任务的同时，还要具有和 C-130 一样的短距起降能力，能够运载美国陆军和海军陆战队所有装备，包括 AH-64 攻击直升机和 M1 主战坦克。

1981 年 8 月 28 日，美国空军宣布在波音、洛克希德和麦道公司提交的方案中，最终选定麦道公司。1982 年，美国空军拨出部分款项用于 C-X 的设计工作，并赋予编号 C-17。1984 年，C-17 完成基本设计。

1985 年 12 月，麦道公司获得总金额 34 亿美元的研制经费，C-17 进入真正的开发阶段。1993 年 5 月，第一架 C-17 开始交付使用。由于研制计划的拖延，C-17 首次形成作战能力的时间，由 1992 年 4 月延后至 1992 年 9 月，后又延至 1993 年 5 月，最后又延至 1995 年 1 月，比原计划拖延了 3 年。

C-17 采用大型运输机常规布局，机翼为悬臂式上单翼，悬臂式 T 形尾翼，升降舵分为两段，垂直尾翼内部有一个隧道式的空间，可让一名维修人员攀爬通过，以便对上方水平尾翼进行维修。起落架采用液压可收放前三点式，前起落架为双轮，主起落架为 6 轮，起落架装有碳刹车装置，可在铺设与未铺设的跑道上使用。

经典空战武器装备

C-17货舱长26.82米、宽5.49米、高4.11米，容积592立方米，最大装载能力77292千克；容量与C-5"银河"运输机基本相当，可装载6辆卡车，也可装运3架AH-64攻击直升机或1辆M1主战坦克，空投货物重27215～49895千克，或空降102名伞兵和1辆M1主战坦克。

该机满载不空中加油时航程为4428千米，空载转场航程8700千米，空中加油后最大航程11600千米，起飞距离长2316米，可在915米长的简易跑道上着陆（使用反推力装置）。

主要参数	
机　长	53 米
翼　展	51.75 米
机　高	16.8 米
乘　员	3 人
空　重	128.1 吨
起飞重量	265.35 吨（最大）
最大载重	77.292 吨
巡航速度	830 千米/小时
实用升限	13716 米
最大航程	10390 千米

美国空军 C-17 型运输机

（五）俄罗斯安-12运输机

安-12，北约绰号"幼狐"（CUB）。该机由苏联安东诺夫设计局研制，是在安-10基础上发展而成的军民两用中型运输机，其规格、尺寸、性能与同时期的美国C-130大力神运输机基本相当。

安-12曾是苏联运输航空兵的主力机型，1957年3月首飞，1958年投入批量生产并交付使用，1973年停产，总共生产900多架，其中民用型约200架，从1974年起逐渐被伊尔-76取代。

该机共有安-12标准型（安-12BP），按军用运输机设计使用，尾部装有炮塔；安-12客货混合型，主要用于民航运输，除载货外，还可载14名乘客；安-12电子情报搜集机，机身下两侧增加4个泡形雷达整流罩；安-12电子对抗型，机头和垂尾内增加了电子设备舱，外面有整流罩；安-12北极运输型，主要适用于北极雪地和高寒地带，机身下装有雪上滑橇，载重性能与标准型一样。

安-12在安-10民航客机的基础上对后机身和机尾进行了重新设计，机身尾部上翘，尾舱门放下为货桥，收起与左右两块壁板一起组成机尾舱门。尾舱门可以在飞行中打开，进行空降和空投。

该机共有5名机组成员，其中包括2名飞行员、1名机械师、1名领航员、1名无线电操作员；机长33.10米，翼展38.00米，机高10.53米；空重28吨，

最大起飞重量61吨，标准货运量20吨，最大货运量30吨，超载货运量35吨；装有4台涡桨发动机，巡航速度670千米/时，最大速度777千米/小时，满载航油时5720千米，满负荷时3600千米；部分机型尾部装有2门23毫米机关炮；可搭载人员90名。

该机除供苏联本国军用和民用外，还出口至印度、孟加拉国、印度尼西亚、埃及、伊拉克、叙利亚、捷克、波兰、南斯拉夫、阿尔及利亚、埃塞俄比亚、安哥拉、中国等10多个国家。

主要参数			
机　　长	33.10米	起飞重量	61吨（最大）
翼　　展	38.00米	最大载重	30吨
机　　高	10.53米	最大速度	777千米/小时
乘　　员	5人	实用升限	10200米
空　　重	28吨	最大航程	5700千米

俄罗斯安-12运输机

（六）俄罗斯伊尔-76运输机

伊尔-76运输机，北约代号"耿直"（Candid），是苏联伊留申设计局研制的四发中远程重型运输机。该机主要用于运送步兵和轻装甲部队，可在简易的前线机场起降，此外，还可以执行伞降任务，可空投货物或经过妥善包装的军用车辆。

该机研制计划始于20世纪60年代末。由于当时的主力机型安-12载重量过小以及航程不足，为了提高军事空运能力，苏联决定研制一种航程更远、载重更大、速度更快的新式军用运输机。

1971年3月25日，第一架原型机在莫斯科中央机场首次试飞；1971年5月27日，在第29届巴黎国际航空博览会上公开展出；1974年，通过苏联空军航空运输司令部验收鉴定；1975年，开始投入批量生产并交付苏军部队和民航。该机分为军用和民用两个版本。除装备俄罗斯空军和民航外，还大量出口阿尔及利亚、伊朗、叙利亚、印度、捷克、波兰、伊拉克、利比亚、阿富汗、中国等很多国家。

伊尔-76采用全金属半硬壳结构机身，全金属多梁破损安全结构悬臂式上单翼，机头最前部为领航舱，其下为圆形雷达天线罩，机头呈尖锥形，截面呈圆形。前机身有两扇舱门，机舱后部装有两扇蚌式大型舱门，货舱内设有内置的大型伸缩装卸跳板，机内装有绞车、舱顶吊车、导轨等装卸设备。内翼和外翼前后梁之间为整体油箱，总燃油量81830升。

为了保证在前线简易机场跑道起降,伊尔-76采用了液压可收放前三点式多轮低压轮胎起落架,共20个机轮。前起落架为两对机轮,轮胎尺寸1100毫米×330毫米,主轮胎尺寸1300毫米×480毫米。

该机装有自动飞行操纵系统计算机和自动着陆系统计算机等全天候昼夜起飞着陆设备,以及大型气象和地面图形雷达、雷达告警接收机、箔条红外诱饵发射装置、外挂电子对抗吊舱等电子对抗设备。其中,军用型运输机的尾部还装有炮塔,装有2门带雷达瞄准的23毫米航炮。为了方便战时征用,甚至部分民用型的伊尔-76上也装有这一火炮系统。

该机共有5名机组成员,机长46.59米、翼展50.5米、机高14.76米,货舱长20米、宽3.45米、高3.40米,货舱容积235立方米,可运载140名全副武装士兵或125名伞兵;还可装运各种装甲车、运兵车、高炮和导弹;也可装载6个重5670千克的2.99米×2.44米×2.44米的集装箱或12个重2500千克的1.46米×2.44米×1.90米的集装箱或6个重5670千克的2.99米×2.44米的货盘。

每架伊尔-76可载3段舱段,每段长6.10米、宽2.44米、高2.44米,通过使用舱段组件可快速改变舱内布局,每段舱段可载客36人(每排4座)、担架病人和随行医护人员。该机不仅可以运输货物,还可改装为载人运输机,也可以改装为医用飞机。但该机的缺点也较为明显,由于货舱宽度有限,以至于俄主战坦克必须拆除侧裙板才能装进货舱内。

俄罗斯空军伊尔-76型运输机

主要参数（伊尔-76TD-90）			
机　长	46.59米	起飞重量	195吨（最大）
翼　展	50.50米	最大载重	50吨
机　高	14.76米	最大速度	900千米/小时
乘　员	5人	实用升限	13000米
空　重	92.5吨	最大航程	6700千米（4300千米/载重50吨）

（七）俄罗斯安-124运输机

安-124运输机，绰号"鲁斯兰"（Ruslan，俄罗斯民间故事中一个英雄的名字），北约代号"秃鹰"（Condor）。该机由苏联安托诺夫设计局研制。由于苏联解体，安东诺夫设计局划归了乌克兰。目前，全球共有三家企业生产安-124，分别是俄罗斯的伏尔加·第聂伯公司、波莱特公司和乌克兰的安东诺夫航空公司。

安-124原名安-400，计划名称安-40，用来替代1974年停产的安-22重型运输机。1982年12月26日，第一架原型机首飞；第二架原型机名为"Ruslan"，1985年的巴黎航空展上首次亮相，改名为安-124。

作为20世纪80年代世界最大的战略重型运输机，该机于1985年创造载重171219千克物资，飞行高度10750米的纪录，打破了由C-5创造的载重高度世界纪录。1986年1月，安-124交付苏军使用；1987年全面投产。1987年，一架安-124又创造了世界纪录，在25小时30分钟内飞行20151千米。

安-124机身呈梨形截面，采用前三点式起落架，共有24个机轮，主翼为后掠下反式上单翼，翼下4个短舱内装有4台带有反推力装置的D-18T涡扇发动机。机头机尾均设有全尺寸货舱门，分别向上和向左右打开，货舱前后舱门采用液压装置开闭，可分别在7分钟和3分钟内打开，货物能贯穿货舱自由出入。

经典空战武器装备

安–124机组成员4~6人，飞机上设有厕所、洗澡间、厨房和2个休息间。货舱分为上下两层。上层舱室较为狭小，机组成员座位设在此处，另外还可载88名乘客。下层主货舱长36米、宽6.4米、高4.4米，容积1013.76立方米，载重可达229吨。该机起飞重量高达405吨，此性能约为C–17的2倍、C–5的1.25倍、安–22的1.875倍。

安–124装有气象雷达、导航/地图雷达、卫星导航仪、4套惯性导航装置、大型移动地图显示器及大型雷达屏等设备。起飞滑跑距离2520米，着陆滑跑距离（最大着陆重量）900米，最大有载航程4500千米，最大燃油航程16500千米。

该机是名副其实的空中巨无霸，常用于运输飞机机身、火车车厢以及大型战略物资。苏联解体后，该机主要租赁给各国客户，用来运输超大、超重货物，据称每飞行小时的租赁费用为6000～8000美元。2002年12月，广州地铁二号线首次通车时，还曾租用安–124运送德国新型列车前往广州。

主要参数			
机　长	68.96 米	起飞重量	405 吨（最大）
翼　展	73.30 米	最大载重	229 吨
机　高	20.78 米	最大速度	865 千米/小时
乘　员	4~6 人	实用升限	12000 米
空　重	175 吨	最大航程	16500 千米

俄罗斯空军安-124型运输机

经典空战武器装备

（八）俄罗斯安-225运输机

安-225运输机，绰号"梦幻"（Mriya），北约代号"哥萨克"（Cossack）。该机由安托诺夫设计局研制，最大起飞重量640吨，是一架名副其实的超大型军用运输机，也是迄今为止全世界最大的运输机。目前，生产数量只有2架。

1985年春季，为了搭载"暴风雪"号航天飞机和其他火箭设备的需要，苏联决定研制一种超大型运输机。1985年中期，安托诺夫设计局展开设计工作。由于时间有限，安-225以安-124为基础，通过延长机身，增加发动机数量，改变尾翼形式等方式而设计。1988年12月21日，原型机首飞；1989年5月13日，首次进行了背负"暴风雪"号航天飞机的飞行。

因此，该机很多地方与安-124非常相似。与安-124相比，安-225加长了翼展，机翼中央部分增加了两台发动机，货舱长度增加，取消了后部装货斜板/舱门。

为了避免在背负"暴风雪"号飞行过程中在航天飞机后方产生乱流，安-225将原来安-124的垂直尾翼由单垂尾改成双垂尾。机身上方安装了两个承力支点，用于在机背上运送大型货物。另外，每侧主起落架比安-124增加两对机轮，起落架共有32个机轮。

安-225采用肩扛式机翼设计，两主翼下方共有6台大型发动机。该机机身全长84米，是史上最长的飞机，比目前最长的商用客机747-8型还要

长 7.4 米；主翼翼展 88.4 米，比后来登场的空客 A380（翼展 79.8 米）还要宽，也是目前世界上翼展最宽的飞机。

当初，安-225 的货舱是为了运输火箭而设计，因此形状非常平整，整个货舱全长 43.35 米，最大宽度 6.68 米，货舱底板宽度 6.40 米，最大高度 4.39 米。为了方便巨大货物进出，该机与其他大型货机一样，机首为可上掀打开的"掀罩式"，并在货舱内装有起重机。

安-225 共有 6 名机组成员，分别是正副驾驶各一名、工程师两名、装卸操作员两名。驾驶舱位于主甲板上方的二楼处，在驾驶舱后方有一个小型的客舱，可以乘坐 60～70 人。如果需运输人员，以安-225 巨大的机舱容积，估计可以搭载 1500～2000 人。

该机最高速度 850 千米/小时，巡航速度 800 千米/小时，最大载重时起飞距离 3500 米，最大载油量 154 吨，最大载油时航程 15400 千米，100 吨载重时航程 9600 千米，最大载重时航程 4000 千米，实用升限 11000 米。

2011 年 3 月 24 日，日本发生强地震后，一架安-225 运输机从法国起飞，途径白俄罗斯明斯克、哈萨克斯坦阿拉木图、中国的石家庄后飞往日本。上午 7 时 30 分，载有 139 吨救援物资的安-225 到达石家庄国际机场，经补充油料及机务保障后，于 25 日凌晨 1 时飞往日本东京成田机场。

经典空战武器装备

主要参数			
机　　长	84 米	起飞重量	640 吨（最大）
翼　　展	88.4 米	最大载重	250 吨
机　　高	18.1 米	最大速度	850 千米/小时
乘　　员	6 人	实用升限	11000 米
空　　重	285 吨	最大航程	15400 千米

俄罗斯安-225 型运输机

（九）欧洲 A400M 运输机

A400M 运输机，由欧洲空中客车公司研制。1982 年，法国宇航、英国宇航、德国梅塞施密特 – 伯尔科 – 布洛姆公司与美国洛克希德公司组成联合工作小组，准备研制新型飞机，用来替换 C-130、VC-10 和 C-160 军用运输机，并将这种新型飞机称为"未来国际军用运输机"。1987 年，意大利和西班牙也加入到该计划。

由于对飞机的性能指标存在一定的分歧，加之美国正在开发 C-17 运输机，洛克希德公司中途退出。此后，法、英、德、意、西 5 个国家组成了欧洲未来大型军用运输机合作体，并将其改名为"未来大型军用运输机"，最后的总装工作由西班牙的空中客车军事公司负责。

1995 年 6 月 14 日，空中客车军事公司宣布成立。1996 年，该机开始预研制。1998 年，进入全面研制和生产阶段。2005 年 1 月，空中客车开始为飞机切割第一块金属板。2007 年，开始组装。2009 年 12 月 11 日，第一架原型机完成首飞。2013 年 3 月 6 日，第 6 架同时也是第一架量产型 A400M 进行了首飞。2013 年 8 月 1 日，第一架 A400M 终于交付法国空军。

为了减轻飞机的重量，A400M 采用了先进的结构设计与较高比重的复合材料。复合材料占结构重量的比例达 35%～40%，其中机翼部分的比例高达 85%，开创了使用复合材料为主要材料制造大型运输机机翼的先例。由于采用碳纤维制造，机翼重量是同等强度铝合金机翼的 75%～80%，且不会出现金属疲劳。

经典空战武器装备

A400M采用源于A380客机的整合式航电设备,采用线传飞控系统操作,飞机主要由计算机控制飞行。该机共有机组成员3～4人,座舱极为现代化,共配备有9个6英寸×6英寸的液晶显示屏,此外还有惯性导航系统、全球定位系统、导航着陆系统、无线、测距仪、航空控制仪、自动寻标仪、战术航空组件等完善的导航与飞航控制设备。

同时,为了增强飞机的战场生存能力,在机身的重要部位还加装有装甲防护装置、防弹玻璃窗,采用了发动机红外热信号抑制技术、燃油系统中的惰性气体抗燃爆技术等。此外,机上还配备有雷达告警器、导弹发射告警器、诱饵发射装置等防卫辅助设备。

A400M采用"宽体化"货舱设计,货舱长23.2米、宽4米、高3.85米,货舱容积达356立方米,比C-130J的货舱容积多出2倍,比C-141运输机的货舱还要大得多。机身后部装有一台最大起吊重量为5吨的起重机,货运员可用一个手持式遥控装置操纵这台起重机,用来吊装所有军用货盘和散装货物。此外,货舱内除一个洗手池外,还设有两个小便池。

A400M的装载能力非常出色,货舱内可以前后串列,安放2架"阿帕奇"或1架"超美洲豹"直升机;装运1门M109A6自行榴弹炮或3辆M113装甲输送车;搭载120名全副武装的士兵或伞兵;运载9个2.235米×2.743米的标准集装箱,或采取货盘在中间、人员靠舱壁乘坐的布局混合装运9个货盘和57名兵员。执行战场救护任务时,可同时运送66副担架和10名医务人员。此外,机上还留出一块地方作为特殊医务处理区,可作为临时手术间。

欧洲 A400M 型运输机

主要参数			
机　长	45.1 米	起飞重量	141 吨（最大）
翼　展	42.4 米	最大载重	37 吨
机　高	14.7 米	巡航速度	780 千米/小时
乘　员	3~4 人	实用升限	11300 米
空　重	76.5 吨	最大航程	8710 千米

经典空战武器装备

（十）日本 XC-2 运输机

XC-2 运输机由日本川崎重工业公司研制，用来取代日本航空自卫队装备的已经老化的川崎 C-1 和 C-130 运输机，用于应对各种事态的海外运输，

主要参数			
机　长	43.9 米	起飞重量	141.4 吨（最大）
翼　展	44.4 米	最大载重	30 吨
机　高	14.2 米	巡航速度	890 千米/小时
乘　员	3 人	实用升限	12200 米
空　重	60.8 吨	最大航程	10000 千米

日本空军 XC-2 型运输机

主要进行国际维和行动和人道主义援助的空运任务。

　　C-1 是日本川崎重工业公司研制的双发中型战术运输机。该机于 1970 年 11 月试飞，1981 年停产，共生产 27 架。

　　由于 C-1 运输机航程较短，只能从北海道飞到九州或者往返冲绳，已不能满足日本航空自卫队的要求。2001 年，日本防卫厅已决定购买新的运输机，以取代老化的川崎 C-1。

　　为了进一步降低成本，XC-2 运输机与 P-1 日本海上自卫队新一代反潜巡逻机同步开发，两款新飞机部分零部件可以共用。该机原计划于 2007 年 9 月首飞，但因水平尾翼、主起落架、部分机身裂缝等原因，最终于 2010 年 1 月 26 日进行首飞。

　　该机配备有一套全新设计的战术飞行管理系统，并在货舱配备有自动负载开关系统。机上装有空中加油系统和夜视设备。作为 C-1 运输机的替代机型，XC-2 运输机的载重量约 30 吨，载重能力是 C-1 的 3 倍。该机在不加油情况下，载重 12 吨能飞行 6500 千米，可直接飞到北美、澳大利亚和中东地区。

　　XC-2 是日本谋求建造大型军用运输机的集中体现。其实，日本本来可以采购国外运输机，但其决定自主研发的根本目的在于想保持和提高自己的军工科研实力，并拥有自主知识产权。因此，自行研制该机的目的不仅是为了运输需要，而且一旦军方需要，XC-2 就可以摇身一变，变为空中预警机、空中加油机、远程侦察机或者战略轰炸机。

三、运输机背后的故事

经典空战武器装备

（一）功不可没的驼峰航线

1942年，抗日战争进入到第5个年头，中国形势极为严峻。1942年年初，日军发动了缅甸战役，5月，缅甸全境沦陷，6月，日军占领了怒江以西地区，中国最后的陆上国际通道——滇缅公路全线中断。此时，中国俨然成为了一座孤岛，所需的重要物资没有了来源。

当时的中国是一个工业基础十分薄弱的国家，许多物资，像武器、油料、机器、通信器材、医疗用品等，基本上都要依赖国外进口。中国作为第二次世界大战的主战场，吸引并牵制住了日军主力，对取得反法西斯的胜利起到了不可替代的作用。在此危急时刻，如何继续向中国输送重要的战略物资，稳住中国战局，成为了最为急迫的一件事情。

鉴于形势日益严峻，1942年2月，根据美国总统罗斯福关于开辟驼峰航线的命令，美国陆军部开始展开了相应的筹备工作。一是组建担负驼峰空运任务的运输大队；二是组建负责保卫和管理"驼峰"空运的第10航空队。

驼峰航线，西起印度阿萨姆邦，向东飞越喜马拉雅山脉南段，经缅甸北部，进入中国云南和四川两省。由于航线下方山势陡峭，群山连绵起伏，形如骆驼的峰背，故由此得名，英文名字为"The Hump"。

驼峰航线在印度东北部的主要基地位于阿萨姆邦，其中最为重要的两个基地分别是汀江和查巴；中国的基地主要分布在云南省的昆明以及云南省内东北、西南和西部，其中最为重要的为昆明和云南驿两个机场。

航线有南线和北线两条。南线：汀江—新背洋—密支那—保山楚雄—昆明，航线距离885千米，航线最低安全高度4267米。北线：汀江—葡萄—云龙—云南驿—昆明，航线距离820千米，航线最低安全高度4572米。有时因天气原因，从汀江经葡萄、丽江到昆明，航线最低安全高度6096米。

  1942年2月12日，第10航空队在美国俄亥俄州帕特森机场成立。最初，第10航空队只有8架重型轰炸机。后来又从澳大利亚运来了10架P-40战斗机，担负空中掩护任务。3月3日，空运大队正式成立。这个大队又称为第一转运大队，也称阿萨姆—缅甸—中国部，归第10航空队指挥，设有3个中队，每个中队编有350人和25架C-47运输机。

  1942年4月18日至5月13日，空运大队的26名机组人员乘坐C-47飞机到达印度。5月中旬，第10航空队和第一转运大队的主干力量乘船到达了印度。

  印度的机场地处布拉马普特拉河谷，海拔仅为90英尺（约27米），河谷四周被高山所环绕，通常高达10000英尺（3048米）。从汀江到昆明，航线下方除了冰山雪峰就是原始森林，几乎没有一块平坦一点的地方，整个航线群山耸立、山势险峻，海拔从15000英尺（4572米）到20000英尺（6096米）不等。对于只有两个发动机的C-47来讲，从汀江机场起飞后就得使出全力急剧爬升。C-47满载后，通常只能飞4000～5000米的高度，最大高度是6000米左右，已经接近了极限。

  驼峰航线除了山势险峻之外，天气也是变化莫测，气候条件极为恶劣。驼峰航线位于欧亚大陆三大强气流团的交汇点，飞机遇到暴风雨、猛烈湍流袭击简直就是家常便饭。如果顺风飞，只需2个小时就能到达昆明，但是这种情况并不多见。

  整个航线飞机始终受到侧风的袭扰，C-47的巡航速度为每小时270千米，而有时侧风的速度达到每小时160千米以上，甚至有的高达每小时240千米，飞机基本上是前进一步后退半步，就感觉发动机根本没有工作，而是在原地打转一样。

  为了躲避恶劣天气，飞机必须在15000英尺（约4572米）高度以上进行飞行，甚至在特殊天气条件下，飞行高度要达到20000英尺（6096米）。当遇到湍流袭击时，情况就更加严峻，飞机在16000英尺（约4877米）高度飞行时，上升的气流在两分钟内可以把飞机冲上28000英尺（约8534米），接下来就会被下降的气流抛到

6000英尺（约1829米），甚至运输机会被湍流掀个底朝天。

汀江到昆明的空中距离为820千米，视天气情况需要飞行4～6小时。飞机每运一加仑汽油，途中就要消耗一加仑汽油；为了保障陈纳德的"飞虎队"对日军实施轰炸，"飞虎队"每向日军投掷1吨炸弹，运输队就得把18吨物资运到中国。那个时期，一架运输机一般只能运载4～5吨货物，天气好的情况下一天才能来回飞一次。

除了航线上空的天气十分恶劣以外，阿萨姆的天气也使得空运困难重重。由于受到来自孟加拉湾的潮湿气流的影响，阿萨姆从6月到10月基本上天天都在下雨，月降雨量超过1905毫米，年降雨量达到10795～12700毫米。

1942年，阿萨姆地区全天候机场只有汀江1个，其他机场有半年时间是泡在泥里的。遇到大雨的时候，汀江机场的跑道、滑行道和停机坪全会被水淹掉，机场只好关闭。

除了受降雨的影响，阿萨姆上空也因浓雾弥漫，坠机事件时常发生。1943年的一个夜晚，查巴机场上空有30架运输机等待着陆，由于浓雾笼罩，只有18架飞机安全着陆，7架着陆时坠毁，5架因在空中耗尽燃料而不得不弃机。

1942年4月空运开始时，飞机数量少，而且是装载量小的C-47，整个1942年的空运数量十分有限。1943年，随着C-46、C-87、C-109飞机派到"驼峰"航线，货送能力开始大幅度上升。

C-46是寇蒂斯·赖特飞机公司的产品，1940年设计生产，装备2个1600马力的双引擎，最大时速200英里（约322千米），最大飞行高度27600英尺（约8412米），飞行距离1200英里（约1931千米），可以运送卡车、坦克、大炮等。虽然飞机容易装货，高度、速度和飞行距离都不错，但驾驶和维护比较困难，因其经常出事，飞行员又把它叫做"飞行棺材"。

C-87是B-24轰炸机的改装型，虽然有4个引擎，但载重量大时爬升较为困难，

经常在起飞时由于引擎熄火而落地坠毁。C-109也是由B-24轰炸机改装而来,是燃油专用运输机,机上所有武装弹药都被卸了下来,机身内安装有8个油罐,能够装载2900加仑航空汽油。但由于其满载时在超过海拔6000英尺的机场降落十分困难,飞行不稳定,一旦着陆不好,就会发生爆炸。

虽然这些飞机有这样或那样的缺点,但由于飞机数量的增多以及飞机自身载重的增加,1944年和1945年,航线上的空运能力大大加强,货物运送量大为增加。至1945年1月史迪威公路通车,驼峰航线是中国获取外援物资、进行对外贸易以及对外交往最主要的国际通道,是中国战场唯一的"空中生命线"。

在3年零7个月的时间里,美国飞机在驼峰上空飞行90多万架次,共运输物资65万吨;中航公司飞越驼峰8万余次,从印度运到中国的货物共50000吨,从中国西运到印度的出口物资共25000吨,共计7.5万吨。为此,美国飞行员也付出了巨大代价,共有1579名飞行员和机组人员牺牲或失踪,共计损失飞机468架,平均每月达13架。

(二)侧应诺曼底

1944年6月6日上午,波涛汹涌的英吉利海峡暂时恢复了平静。早上6时30分,伴随着轰炸机的轰鸣声和刺耳的炸弹爆炸声,海面上密密麻麻的各式舰艇从海峡的对岸向诺曼底方向驶来。人类历史上规模最大的登陆行动即将开始。

其实,就在英美联军登陆部队开战之前,由美国第82空降师、第101空降师和英国第6空降师组成的空降集团在夜色的掩护下早已出发。此次登陆作战,空降兵的主要任务是在登陆滩头两侧距海岸10~15千米的浅近纵深空降,阻止德军预备队的增援,并从侧后攻击德军海岸防御阵地,配合海上登陆。

其中,英军第6空降师空投至登陆地区的左翼,夺取附近的桥梁,阻止德军的纵深装甲部队前来支援;美军第82空降师负责攻击小镇圣-梅尔-艾格里斯,阻

经典空战武器装备

止纵深德军部队前来增援；美军第101空降师在犹他海滩后方空降，支援正面登陆部队。

由于在最初的1～2天里，盟军只能登陆6～8个步兵师，后续的装甲师只有在步兵师建立登陆场以后才能上岸，如果在装甲部队上陆前德军突破了登陆部队的防线，其后果将不堪设想。因此，空降兵能否顺利地完成任务对于初期的登陆行动至关重要。

6月5日22时，由3个空降兵师派出的26架运输机依次起飞，每架飞机搭载一个由13人组成的空降引导组。6日0时16分，26架运输机从150米的高度分别在各自的预定地区实施空降，除美军第82空降师两个团的引导组被德军消灭和英军第6空降师一个组未在预定空降地区设置引导信标外，其余各组均在预定的时间和地区设置了引导信标。

6月5日23时，1200多架运输机从距空降地区200～250千米的英国境内的三个机场起飞，每三架飞机成一个三角队形，飞行高度1500～1800米。机上搭载着三个空降师的突击梯队，共约13300人，其中每40架飞机运送一个营。

进入法国海岸上空后，由于受到低云、浓雾和大风的影响，许多运输机偏离了航线，队形变得混乱起来，加之又遭到德军防空火力的猛烈射击，飞行高度被迫由150米改为500～600米，时速由180千米改为330千米，对伞兵的空降产生了很大的影响。

午夜，英军第6空降师率先投入战斗。英军第6空降师是三个空降师中运气最好的一个师。该师突击梯队的先遣分队，乘坐由6架飞机牵引的6架滑翔机，已先期在皮诺维尔地区克巴运河和奥恩河桥梁附近降落，占领了大桥，构筑了桥头阵地，成功地击退了德军的反击。

半个小时过后，英军突击梯队的主力部队开始空降。其中，第3旅的任务是夺取默维尔地区的德军炮兵阵地和第佛河上的桥梁及公路交叉点。该旅第7、8营基本上降落到指定的地域，破坏了第佛河上的4座桥梁，切断了德军预备队向海岸方

向开进的道路。然而,由于飞行员判断错误,第9营的部分伞兵被空投在偏离空降场较远的地方,全营只集合到150人。经过激烈战斗,该营占领了默维尔地区的德军炮兵阵地,但自身伤亡较大。

第5旅的任务是空降在奥恩河东岸,夺取奥恩河上的桥梁。由于空降时散布面积很大,该旅集合的人员不到60%,不过却夺取了奥恩河和克恩运河上的2座桥梁,并在该地区组织起有效防御,在拂晓前击退了德军装甲兵和步兵的进攻。

拂晓前,英军第6空降师的后续梯队开始空降。第一波次共有98架滑翔机,搭载493人和装备,但途中遇到大风和密云,20架滑翔机拖绳折断,另外还有一部分未能在预定地区着陆。黄昏时,搭载着补给品的256架滑翔机在预定地区着陆。6月6日夜间,又有4批搭载物资的滑翔机安全着陆。

总体来讲,英军第6空降师着陆后,仅遭到少数德军的抵抗,在空降分散的情况下完成了预定任务,保障了登陆部队的登陆。但是,对于美军的第82空降师和第101空降师来说,情况可就不那么乐观了。

第82空降师的任务是在圣曼·伊格里斯地区和梅特勒河两岸空降,夺占附近的桥梁。由378架C-47运输机和52架滑翔机运送的突击梯队刚一着陆就遭到了德军的猛烈打击,伤亡惨重。其中,第505团第1营乘坐的飞机偏离了目标,着陆极为分散,仅集合了少数伞兵,战斗中营长和代理营长双双阵亡,未能夺取拉菲埃尔。

第2营只集合了约一半的人员,除留下1个小分队负责设置路障,阻止德军前进外,其余兵力南下增援第3营。第3营还不错,集合了大部分兵力,利用夜色掩护采取偷袭手段,夺取了圣曼·伊格里斯,切断了与瑟堡的交通干线和通信联系,并在该地组织防御,9时20分,在第2营的支援下击退了德军1个营的反冲击。

第507团和第508团原定在梅特勒河以西、杜佛河以北的三角地带空降,因引导分队被德军消灭,预定空降场没有标志,多数伞兵降落在梅特勒河两岸被德军放水的沼泽地内,部分人员被淹死,大部分装备被淹没。着陆在陆地上的伞兵,因风

经典空战武器装备

大摔伤很多,直到上午,2个团才集合了五六百人。

6日2时,由52架滑翔机组成的后续梯队的第一个波次开始起飞,机上共搭载220人和装备,由于云层较厚并遭到德军防空火力射击,有一半的滑翔机未在原定地区着陆。下午,又有176架滑翔机起飞,搭载1174人和装备,但因预定着陆场被德军占领,被迫改降另一地区,也没有全部在该地区着陆。至6日夜晚,第82空降师共集合约2000人,虽然占领了圣曼·伊格里斯,但并没有完成该师的全部任务。

由432架C-47运送的第101空降师的先头部队更为分散,散布面积为25千米×40千米。第501团(少第3营)的任务是占领卡朗坦附近杜佛河上的桥梁,阻止德军预备队由卡朗坦向登陆场开进。第501团(少第3营)和第506团的第3营均在德军的反空降地区安哥维尔·奥普兰南侧着陆,伤亡惨重。

第1营营部被歼,各连连长也都失踪,该营失去指挥。拂晓前,团长集合了该营约150人,占领了卡朗坦水闸,并与海上舰艇取得无线电联系。团作战参谋又集合了一部分兵力,但遭到德军的攻击,后来在舰炮火力的支援下,于17时在卡朗坦水闸与团长会合,然后向西展开进攻,夺取杜佛河上的桥梁,后因前进受阻,被迫转入防御。

第2营集合了大部分兵力向圣高姆·杜蒙方向进攻,遭到德军抵抗后改变方向,准备向卡朗坦水闸靠拢,但因德军火力封锁,被迫在培斯·阿特维尔转入防御,未能完成任务。

第502团的任务是歼灭部署在瓦雷维尔的一个德军122毫米炮兵连,并掩护登陆部队的北翼,但是该团大部未能降落在预定地区。第1营着陆后,以少量人员攻占了德军炮兵阵地,以部分兵力占领有利地形,成功阻击了德军预备队向登陆场开进。

空降后的第一天,第2营把时间全都用于人员寻找和集合上,未能参加战斗。第3营着陆后,共集合了70多人,其中包括降错地方的第82空降师的部分人员,该营

战斗较为顺利，于6日7时30分控制了第3、4号通路，13时与登陆部队第7军第4师第8团会合。用于支援该团的第377炮兵营降落后，共集合到150人，而且6门火炮中只有1门能用，炮兵只好当作步兵使用。

第506团（少第3营）的任务是攻占并保障1号和2号通路的畅通。该团着陆非常分散，81架运输机中只有10架在预定地区空降，其余飞机均偏离目标，有3架偏离约32千米。团部仅集合到90人，并在考罗维尔建立指挥所，但与师长失去联系。

第1营只集合了50人，向第1号通路前进，下午进到波普维尔地区时，发现该通路已被第501团第3营攻占，营长将人员撤回团指挥所。第2营错降在第502团地区内，与团长失去联系，集合约200人，于拂晓前开始向南进攻，准备夺取第1、2号通路，因遭德军抵抗，至下午才前进至霍登维尔，不过夺取了2号通路。

第501团第3营是师的预备队，随师指挥所在该团的空降地区空降，任务是扼守空降地区，做好迎接增援部队机降的准备工作。空运中有3架飞机被击落，其余均在预定地区着陆。该营在师长的命令下，向第1号通路前进，于8时击退了德军的阻击，占领了第1号通路，并与第506团第2营和登陆兵的先遣分队会合。

6日1时19分，由52架滑翔机组成的运输机编队起飞，机上搭载第101空降师第一波次后续梯队的150人及防坦克炮和其他装备。凌晨4时，第一波次降落，由于着陆地区德军提前布设有反空降障碍物，导致部分滑翔机损坏。

随后，由32架飞机牵引的32架滑翔机开始着陆，机上共搭载第二波次157人及补给品。6日夜晚，第101空降师共集合了约2500人，攻占了第1、2、3、4号海滩通路，并与美军登陆部队第7军的第一梯队会合。

此次空降作战，盟军共使用运输机2400余架，滑翔机约1130架，空降约35000余人（其中伞降17600余人）、504门火炮、110余辆轻型坦克及1000吨物资；共有42架运输机被击落、510架被击伤，第82空降师伤亡约65%~70%、第

101 空降师约 10% ~ 15%、第 6 空降师约 20% ~ 25%。

尽管盟军的空降作战付出了较大的代价，但却在登陆的最初时间里夺取了至关重要的交通枢纽、桥梁、海滩通路，摧毁了德军的炮兵阵地，破坏了德军防御的稳定性，牵制了德军的预备队，为成功登陆创造了条件。

第九章　空中加油机

一、空中加油机概述

空中加油机是专门给正在飞行中的飞机和直升机补充燃料的飞机，英文名称 Aerial Refueling Tanker。空中加油机主要由大型运输机或战略轰炸机改装而成，加油设备大多装在机身尾部，也有部分装在机翼下面的吊舱内，由飞行员或加油员操纵。其作用可使受油机增大航程，延长续航时间，增加有效载重，以提高航空兵的作战能力。

经典空战武器装备

（一）空中加油机的历史

飞机刚刚诞生的时候，由于没有加油机，发生了许多既有趣又令人遗憾的事情。比如，当一架飞机在空中追逐攻击另一架飞机时，一旦油料指示灯发出警告，飞行员只能调转回头、无功而返。而当一架挂满炸弹的轰炸机油料不足时，要让它带弹降落下来再加油，那可不是一件开玩笑的事情，万一降落时炸弹因颠簸而引起爆炸，后果将难以想象。

早期空中加油

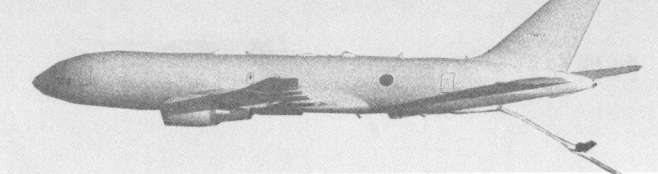

为此，人们一直在想什么时候才能把地面加油站搬到天上去。1921年，美国人威利·梅伊把一个装有5加仑航空汽油的罐子绑在背上，从一架林肯型飞机的机翼上，爬到另一架飞行的JN-24型珍妮飞机的机翼，将油罐中的航空汽油倒进了JN-24型飞机的发动机燃料箱，从而成功地完成了第一次空中加油。

1923年8月27日，在美国加利福尼亚州圣迭戈的罗克威尔实验场上，一架加油机和一架受油机编队飞行。只见从前上方飞行的加油机上垂下一根10多米长的软管，受油机上的飞行员站起身来用手捉住飘忽不定的软管，把它插进自己飞机的油箱，不一会儿，一股航空燃油从上面那架飞机注入了下面这架飞机的油箱。人类历史上第一次空中加油由此诞生了，上面那架代号为DH-4B的飞机，因此也被作为世界上第一架加油机而载入航空史册。

虽然此次空中加油获得成功，但这种加油方式很难实际应用。由于早期的空中加油都是采用手工操作方式进行，犹如进行空中特技表演，因此不可能得到普及。因而，在此后的二十多年的时间里，空中加油这项新技术很少有人问津。

1933年，苏联一架TB-1式轰炸机采用A·H·扎帕诺万内研制的加油设备，成功地给一架P-5侦察机进行了空中加油。1934年，美国也研制出了空中加油设备。第二次世界大战期间，空中加油技术得到了快速发展，空中加油机开始用于实战。

20世纪40年代中期，英国首先研制出"循环软管"式空中加油设备，

经典空战武器装备

并安装在早期的空中加油机上。二战中,美、英两国的许多轰炸机在大西洋上空完成空中加油后,然后再对德国本土进行远程奔袭。

1948年1月,美空军提出把发展加油机作为首要任务。随后,空军派出有关人员参观了英国空中加油有限公司,当场采购两套原型器材,订购40套,还购买了该系统生产权。回到美国之后,这两套加油系统被送入波音公司。波音公司据此生产了40架KB-29M加油机和40套B-29MR受油器。

KB-29M 空中加油机

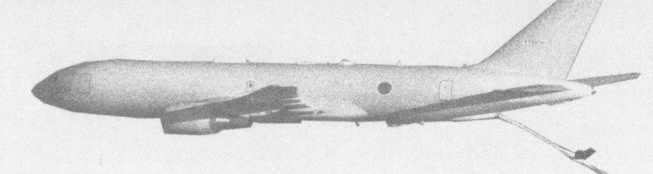

1948年6月30日，美国战略空军司令部首批建立了两个KB-29M中队。1948年12月，一架B-50A轰炸机从得克萨斯的卡斯维尔空军基地起飞，携带4540千克的假原子弹，经过KB-29M加油机的4次空中加油后，历时94小时零1分钟，实现了环球一周的不着陆飞行，航程达37532千米，对位于珍珠港的美国海军基地进行了假想攻击。

由于从英国采购的这套"循环软管"加油系统存在很大的缺陷，特别是在恶劣天气下无法应用。波音公司对"循环软管"进行了改进，推出KB-29P加油机。20世纪50年代初，美国研制出更为先进的硬管式（即伸缩套管式）空中加油设备。不久，苏联也研制出类似的加油设备。

1951年，波音公司推出了新型的KC-97型加油机，美国空军共采购816架。1957年1月，美国空军的3架B-52战略轰炸机从加利福尼亚州卡斯尔空军基地起飞，在98架KC-97加油机的支援下，作环球飞行，进行全球空中打击演练，整个航程历时45小时19分钟，在世界上曾引起极大的轰动。

但此次演练也暴露出KC-97型加油机的使用效率问题。一架KC-97加油机可以携带5.3万磅（约24吨）航油，能够有效为2架B-47轰炸机加油；但对于"胃口"更大的B-52来说，2架KC-97只能完成1架B-52B加油需求的26%，这意味着则需要更多的KC-97加油机来保障B-52。

此外，由于KC-97加油机是活塞发动机，而B-52为涡轮发动机，前者

经典空战武器装备

的飞行速度和高度都要明显落后于后者。因此，在加油时，B-52不得不先降低到KC-97的飞行高度，加油完成后再爬升到正常的巡航高度，这意味着要消耗更多的燃油。不仅如此，KC-97比B-52速度慢，如果要在指定地点实施空中加油，KC-97必须比B-52提前飞行，这无形中又要增加额外的战斗机进行护航。

为了提高空中加油能力，1953年11月，美国战略空军司令部提出采购200架新型加油机的需求。此时，由于道格拉斯和洛·马公司的加油机还停留在设计阶段，而波音公司已经生产出了KC-135原型机。1957年，空军便向波音公司定购了29架KC-135加油机。

在随后20年时间里，战略空军司令部几乎保持了KC-135加油机和B-52轰炸机1∶1的比例，采购数量达到830架，由此KC-135也随之演变出多种型号。但是，随着美国空军空中加油任务的不断增加，战略空军司令部要求用更先进的加油机来补充KC-135部队。

1980年7月12日，由麦道公司研制的KC-10加油机实现首飞。1981年3月17日，KC-10开始交付美国空军。该机具有从短程跑道起飞的能力。从1981年到1990年，共有60架KC-10加油机交付美国空军。

在越南战争的9年零2个月时间内，美军共有172架KC-135加油机参战，飞行194687架次，进行空中加油813878次，总计补给燃油410万吨。1986年4月15日，美国驻英国基地的24架F-111战斗轰炸机，经过29架

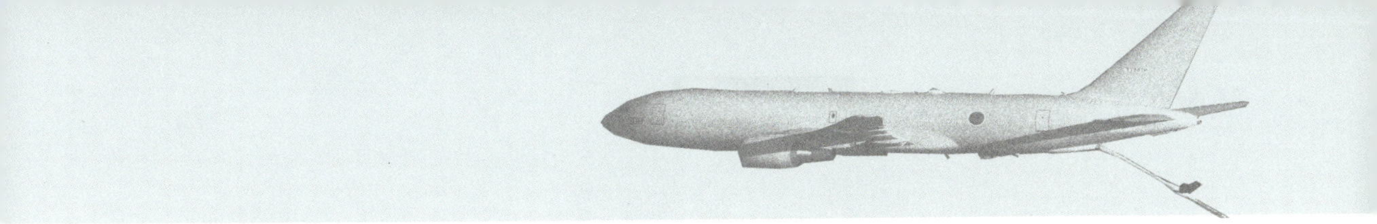

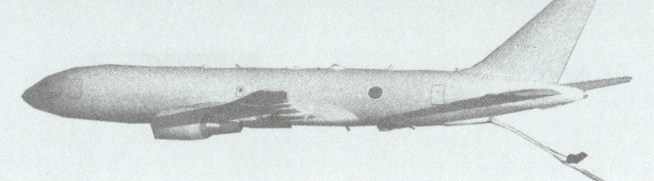

加油机的8次空中加油后，绕道7000多千米，对利比亚实施了外科手术式打击。海湾战争，仅美军就投入加油机308架，共完成5.1万次空中加油任务。科索沃战争中，北约出动了240架空中加油机，共实施了1.4万次空中加油。

（二）空中加油机的分类

按加油方式区分，空中加油机主要有软管加油方式加油机和硬管加油方式加油机两种。

KC-97给A-7加油

软管加油方式加油机装备有软管式加油系统。软管式加油系统也称插头－锥管式加油系统，主要由输油管卷盘装置、压力供应机构和电控指示装置等组成。在加油机上，装有一条16～30米长可收放的软管，软管末端有呈伞状的锥套，内有加油接头。受油飞机机头上装有一个伸缩式肘形探管受油器。

加油时，加油机在受油机前上方飞行，由飞行员或加油员打开输油软管卷盘的锁定机构，伸出锥套，锥套受气流作用而展开，将输油软管拖出。与此同时，受油机飞行员调整飞行速度、航向和高度，待受油管插进锥套内时，油路自动接通，开始加油。

软管加油装置结构简单、便于拆装，每套装置每分钟可输油1600升，一架加油机可安装数套，能同时为数架飞机加油。但软管加油时，由于受空中气流影响软管会产生飘荡，输油效率较低，一般只适用于给机动性高、加油量少的战斗机加油。

硬管加油方式加油机装备有硬管加油系统。硬管加油系统也称伸缩套管式加油系统，该系统主要由伸缩管、压力加油机构和电控指示监控装置等组成。伸缩管包括主管和套管，主管外壁装有升降索和稳定舵。伸缩管式加油设备一般装在加油机身尾部下方。

加油时，加油机利用升降索放下伸缩管，稳定舵在气流作用下，将伸缩管沿垂直和水平方向稳定在一定的空间范围内，套管从主管内伸出。与此同时，受油机完成与加油机的对接，开始加油。

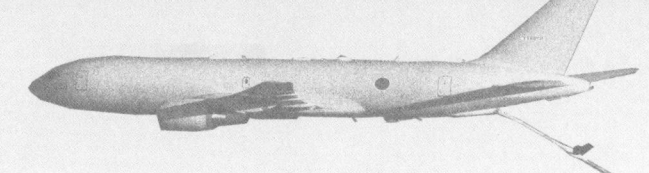

　　由于输油管是硬的，稳定性好，容易与受油机对接，输油效率比较高，每分钟最多可输油6500升。但它的制造技术比较复杂，同一时间内只能给一架飞机加油，而且必须设置一个加油操作舱，并配备1~2名加油操作员。

（三）空中加油机的作用

　　一是可以增大飞机的航程和作战半径。作战飞机的航程和半径主要取决于机载油料数量。通过空中加油，就可以弥补飞机载油量的不足，使其作战范围大幅扩大。经过一次空中加油，轰炸机的作战半径可以增加25%~30%；战斗机的作战半径可增加30%~40%；运输机的航程差不多可增加一倍。

伊尔-78给图-95MS空中加油

二是可以增加飞机的载弹量。对于起飞重量有限的轰炸机和攻击机来说，弹和油是一对突出的矛盾。要想多带弹，只能少装油；要想多载油而飞得更远，就得少载弹。有了空中加油机，轰炸机和攻击机起飞时就可以尽量多载弹，飞出一定距离后，再进行空中加油，这样既能多载弹，又可以飞得更远。

三是可以增强空袭的突然性。采用空中加油，作战飞机可以部分地摆脱对机场的依赖，空袭前不需要预先向前进机场转场，可以直接从本土基地或后方基地起飞，对预定目标发动突然袭击。

四是可以救援空中缺油的飞机。飞机升空后，可能由于故障、中弹等原因造成燃油大量流失或消耗过快，也可能因为其他原因而无法返航，此时，通过空中加油后，这些飞机就能够较为顺利地返回基地，减少不必要的损失。

（四）空中加油机的未来

一是提高加油能力。为了提高空中加油能力，增大作战飞机的作战半径，一方面，加油机平台向大型化方向发展，以便携带更多的燃油；另一方面，通过增加机上的加油点，可为多架飞机进行空中加油，并采用加油速率更高的油泵，以便增强供油能力，提高加油效率。

二是提高自动化程度。为提高加油飞机和受油飞机的空中会合、对接、加油、解散四个阶段的协同配合能力，特别是保证空中对接和加油阶段的安全性和稳定性，加油机将大量安装电子设备，实现自动对接和油料自动控制。

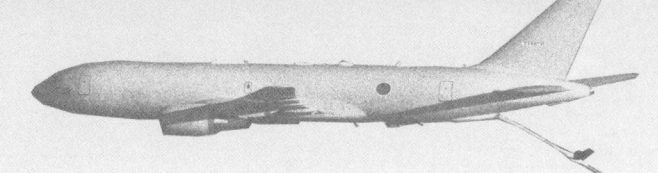

三是用途多样化。为了提高空中加油机的综合使用效率,除了担负空中加油的主要任务外,还要求空中加油机在完成加油任务之外,或不执行空中加油任务时,还能够完成空中人员和物资的运送任务,必要时还可以作为空中数据链传输的中继站。

四是增强自卫能力。由于空中加油机目标大、飞行速度慢,而且机上既无火力系统,也无预警装置,战时极易遭到敌方攻击。为确保加油机的安全,除了派战斗机实施空中护航外,还强调为加油机安装必要的空情接收和预警系统,使飞行员能够及早掌握空中情况。

二、经典空中加油机

经典空战武器装备

（一）美国 KA-6D 空中加油机

KA-6D 空中加油机，由 A-6"入侵者"式舰载攻击机改装而成。该机拆除了 A-6 机上的航空电子设备，代之为加油软管和控制设备，成为美国海军的标准舰载加油机。KA-6D 不仅可以执行海上空中加油任务，也可以执行海上救护和夜间攻击任务。

为了取代老式的 KA-3B 加油机，美国海军决定对 78 架 A-6A 和 12 架 A-6E 舰载攻击机进行改装，主要是将机内的导航系统移出，取而代之的是在机身内加装一套内载供油系统，作为空中加油机使用，并于 1966 年 5 月 23 日进行了首飞。

开始时，格鲁曼公司在 A-6A（机号 147865）进行了"伙伴"空中加油吊舱的改装尝试，此外，还在另一架机号为 149937 的 A-6A 上安装了内置式空中加油套件。但由于军方需求不大，导致这两个项目没有继续下去。

随着形势的发展，1968 年，美国海军授权格鲁曼公司在 A-6 舰载攻击机的基础上研制 A-6 的空中加油型，编号为 KA-6D。首架量产型 KA-6D 由 A-6A（机号 151582）改装而成，该机于 1970 年 4 月 16 日进行首飞，1970 年 9 月 25 日装备部队。按照美国军方要求，每个 A-6 舰载攻击机中队应装备 3～4 架 KA-6D 空中加油机，用于进行"伙伴"加油。

KA-6D 拆除了原来的两个机身隔板，换装了全新的内部油箱，并且对

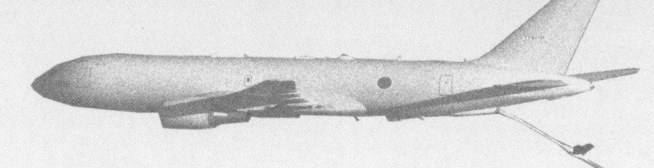

外翼段进行了大量的改装，拆除了领航员和轰炸员的座椅，整架飞机进行了重新布线，增加了由 ASN-41 导航计算机控制的欧米茄全球惯性导航系统。

该机共有一个加油点，机上装有内置式软管-绞盘式加油套件，后机身下方增加了用于容纳锥套的漏斗形整流罩，机内载油 7230 千克。除此之外，该机还可在机腹挂架挂载 D-704 加油吊舱。D-704 此时作为内置加油系统的备份，由吊舱头部的冲压空气涡轮提供动力。在典型任务中，KA-6D 在机翼挂架挂载 4 个副油箱，有时也在机腹挂架增加一个 D-704 吊舱作为备份。该机最大载油量 11525 千克，最大供油量 9500 千克。

空中加油任务结束后，KA-6D 经常发生软管被卡住无法收回机身内的危险。而一旦发生这种险情，就意味着 KA-6D 的着舰钩无法伸出着舰。此时，KA-6D 必须迅速找到陆基机场，否则乘员只能弃机弹射。后来，为了避免飞机损失，KA-6D 加装了紧急爆炸切割装置，一旦出现上述情况，便可将软管切断抛入海中。

KA-6D 拆除了 A-6 上的所有武器系统，但保留昼间目视轰炸能力，座舱内副驾驶位置仅保留必要的控制开关，该名乘员的角色也由导航/轰炸员转变为空中加油操作观察员。虽然 KA-6D 理论上能够进行昼间轰炸，但从未执行过轰炸任务，而是搭载 4 具大型副油箱为攻击机提供空中补给服务。

美国 KA-6D 空中加油机给 F-14A 战斗机空中加油

主要参数	
机　　长	16.69 米
翼　　展	16.15 米（机翼折叠后 7.72 米）
机　　高	4.93 米
乘　　员	2 人
空　　重	12.525 吨
起飞重量	26.58 吨（最大）
最大载重	11.525 吨
最大速度	1037 千米/小时
爬升率	38.75 米/秒
实用升限	12925 米
最大航程	4410 千米

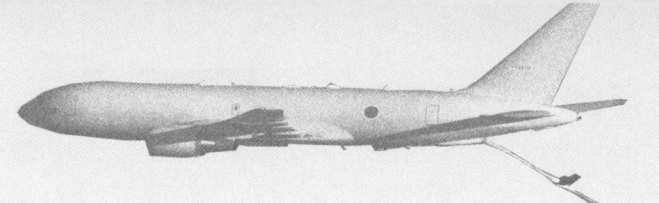

（二）美国 KC-130 空中加油机

KC-130 空中加油机，在 C-130 运输机基础上发展而来。该机由洛克希德·马丁公司研制，主要装备美国海军航空兵和美国海军陆战队，共有 KC-130F、KC-130R、KC-130H、KC-130T、KC-130P（为直升机加油）、KC-130J 等型号。

KC-130F 以 C-130B 的机体为基础，最初编号 GV-1。1960 年 1 月 22 日，第一架生产型 KC-130F 首飞。1960 年 3 月，开始交付美国海军陆战队，采购数量 46 架。该机增加了一个 13627 升可拆卸的机身油箱和两个设备吊舱，燃油输送率达到每分钟 1136 升。此外，还可以输送自身的剩余燃油。

KC-130R 由 C-130H 改装而成，改装数量 20 架，主要装备美国海军航空兵。该机加装有 10296 升的外挂油箱，货舱中增加了 1 个 13600 升可拆卸油箱，最大载油量 36296 千克，最大可供油量 23587 千克，加油高度 7600 米，加油半径 1850 千米。该机的左翼外侧可挂 4 枚"地狱火"反坦克导弹，内部机尾舱门可安装 10 枚精确制导弹药，可担负火力支援任务。

KC-130H/T 在 C-130H 的基础上改进而成，主要用于出口。该机在油料输转能力和起飞重量等方面与 KC-130R 相似，但更换了雷达等机载电子设备，机身有所加长，人员及货物装载能力有所增加。美国海军陆战队分别于 1991 年 10 月和 11 月采购两架 KC-130T。

经典空战武器装备

  KC-130J 是 KC-130 空中加油机的最新型，绰号"收割鹰"。该机在飞行、操作性能和战场生存能力等方面均比早期的机型更为先进。2001 年 8 月 31 日，首批 3 架交付美国海军陆战队。此后，美军陆战队打算采取一替一的方式逐步淘汰现役和后备役装备的 79 架 KC-130F、KC-130R 和 KC-130T。美国海军后备役也打算购买 25 架。

  KC-130J 采用软管加油方式，机身油箱容量 11000 千克，不载油时可用来载运货物；机翼和外挂油箱可载油 28000 千克，而 KC-130F 只能载油 18000 千克，约为 KC-130J 的 2/3。机上装有两套加油设备，在不使用机身油泵时，每分钟可加油 1000～1300 升。该机不仅可以为 F/A-18、AV-8B 战斗机，以及 CH-53E 直升机和 MV-22B "鱼鹰"飞机加油，还可以为地面车辆和直升机紧急加油，在地面加油模式下每分钟可加油 1825 升。

  KC-130J 机组成员由早期型号的 6 人减为 4 人，除了具备空中加油外，还可以用于人员和货物运输，可运送 92 名乘员或 64 名伞兵，或 6 个货物托盘，或 74 名伤员和 2 名医护人员，或 2 辆卡车，或 1 辆 M113 装甲输送车。

  当不加油时，KC-130J 还可以担负对地攻击任务。该机加装有一座 30 毫米机炮、两套箱式舱内导弹发射装置、一套红外/电视成像目标定位系统，可携带 4 枚"地狱火"反坦克导弹或 4 枚"蝰蛇"制导炸弹或 10 枚"狮鹫"空对地导弹。

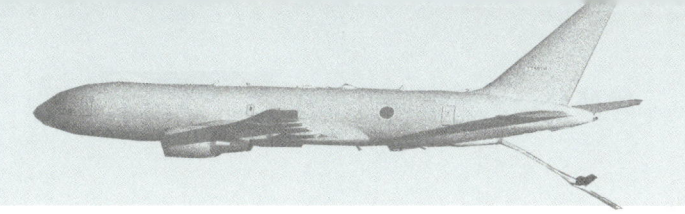

主要参数			
机　　长	29.79米	起飞重量	79.378吨（最大）
翼　　展	40.41米	最大载重	39吨
机　　高	11.84米	最大速度	671千米/小时
乘　　员	4人	实用升限	8615米
空　　重	34.274吨	最大航程	5250千米

美国 KC-130J 空中加油机

（三）美国 KC-135 空中加油机

KC-135空中加油机，被美军飞行员称为"同温层的油箱"（Stratotanker）。该机在 C-135 军用运输机基础上改进发展而成，最初设计的目的主要是为美国空军的远程战略轰炸机进行空中加油，后来也可为美国空军、海军、海军陆战队的各型战机进行空中加油。

该机于 1956 年 8 月 17 日首飞，1957 年正式装备部队，共有 KC-135A、KC-135E、KC-135Q、KC-135R、KC-135T 等型号。

该机主翼后掠角 35°，机翼下装有 4 台喷气式发动机，机体可分上、下两个部分。其中，上半部分一般作为货舱，下半部分几乎全部是燃油舱，货舱左舷配置一个大型货舱门。机身后段是加油作业区。

飞机共有 10 个油箱，其中，机翼内有 4 个主油箱、两个备用油箱、一个机翼中央油箱，前后机身地板下共有两个油箱，机尾地板下有一个油箱。

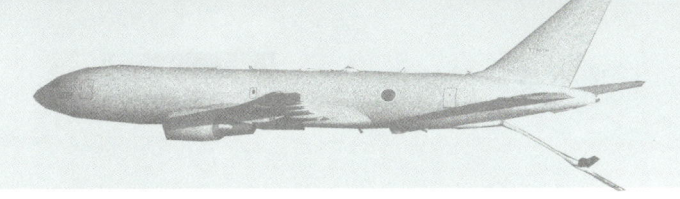

主要参数（KC-135R）			
机　长	41.53 米	起飞重量	146.285 吨（最大）
翼　展	39.88 米	最大载油	88.452 吨
机　高	12.7 米	最大速度	933 千米/小时
乘　员	3 人	实用升限	15200 米
空　重	44.663 吨	最大航程	5552 千米

美国 KC-135R 空中加油机

机翼或机身内各油箱均可向发动机供油或输给空中加油系统。该机最大载油量88.452吨，除自身消耗外，可供加油部分为69790升，大约可以给9架F-15E、8架F-22、11架F-35加满油料。

KC-135空中加油机采用的是伸缩套管式（硬管式）加油方式，由机外伸缩主管、伸缩套管和V形操纵舵组成。平时伸缩管长8.5米，加油全部伸出时14.3米。伸缩套管在加油时才从主管中伸出，并可在加油过程中根据受油机的相对位置伸缩调节，调节距离5.8米，可以在上下54°、横向30°的空间范围内活动。

该机输油率很高，每分钟达975～1690升，一架飞机可以给多个飞机加油。当仅用一个油箱加油时，每分钟可以加油400加仑；前后油箱同时使用时，每分钟可以加油800加仑。经过空中加油后，B-52战略轰炸机的续航时间可延长4～6小时。

为了提升该机的综合性能，美国空军先后对其进行多次改进。改进后，该机可使用不同的数据链在战区内相互通信联系，其信息收集、传递和发送能力明显增强，加油效率极大提高。2003年伊拉克战争中，KC-135为配合英军的"狂风"战斗机的空中加油需要，又增加了两个软式加油吊舱。

目前，美国空军现役部队共有373架，空军国民警卫队和空军预备役共有268架。该机除装备美军外，还大量出口至法国（12架C-135F、3架KC-135 R）、新加坡（4架KC-135R）、土耳其（9架KC-135R）、智利（3架KC-135E）等空军。

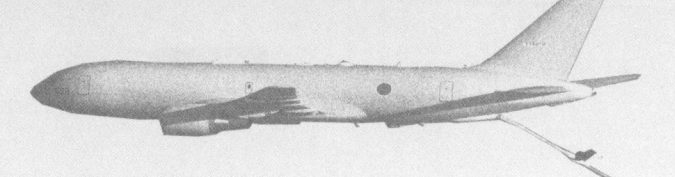

（四）美国 KC-10 空中加油机

KC-10 加油机，绰号"补充者"（Extender Tanker）。该机由麦道公司在 DC-10-30 型运输机的基础上改装而成。该机于 1978 年开始研制，1980 年 7 月 12 日首飞，1981 年 3 月 17 日首次交付，1990 年 4 月 4 日 60 架全部交付完毕。其中有一架于 1987 年 9 月 15 日因漏油爆炸被毁。

KC-10 与 DC-10 总体布局基本相同，其中有 88% 的部件通用。除了保留 DC-10 原有的 3 个主油箱、一个副油箱外，还增加了 7 个球形燃料槽，其中 3 个位于机翼的前方，4 个在机翼后方。

与 DC-10 不同的是，KC-10 取消了 DC-10 机身上的大部分机窗与下侧货舱门，配备了军用航空电子设备、卫星通信设备和敌我识别器，以及麦克唐纳·道格拉斯公司生产的硬管和软管加油系统，并增加了一个加油系统操作员和自用的空中加油受油管。所以该机的独特之处在于，它不仅可以给其他飞机加油，还可以在空中接受加油。

该机主燃油系统中可储存 108062 千克燃油，机舱内可装载 53000 千克燃油，由于两者是相通的，全机实际上可载燃油达 161 吨，接近 KC-135 的两倍。由于其载油量目前居于世界首位，因此，人称"空中油库"。

KC-10 有 3 套加油设备，可同时给 2~3 架飞机加油，飞桁式输油速度 4180 升/分，浮锚式输油速度 1786 升/分，最大加油速度 5680 升/分，加

经典空战武器装备

油高度 11278 米，加油时飞行速度 324 千米～695 千米/小时。通过美军 3 万多个飞行小时和 10 万次空中加油试验，该机起飞成功率 99.3%，单机任务完成率达 99.6%，综合任务完成率 89.7%。

为了方便加油以及保证加油时的安全，KC-10 还装有一台计算机，并在主翼中安装一组摄像机，以便将图像传递给加油操作员，用来监控加油作业。为了方便受油机飞行员保持正确的相对位置，吊舱后端还安装有一排 6 个彩色信号，从左到右依次为绿、琥珀、红、红、琥珀、绿。两端的绿灯全亮表示已做好加油准备；当受油机接触到锥形浮锚并向前推进 1.5 米时，绿灯熄灭，吊舱开始送油；如受油机将加油管向前推进超过 6.4 米时，琥珀灯开始闪烁，提醒飞行员重新校正；当距离 5.5 米，红灯亮，此时系统停止供油。

除了能够担负空中加油任务外，KC-10 还能够执行运输任务。该机位于上半部分驾驶舱后方的货舱内可装载 27 个货盘共 76843 千克货物，或 17 个货盘及 75 名乘客。

正在为 F-16 战斗机加油的美国空军 KC-10 空中加油机

主要参数	
机　　长	55.35 米
翼　　展	50.41 米
机　　高	17.70 米
乘　　员	4 人
空　　重	109.328 吨
起飞重量	267.620 吨（最大）
最大载重	161.48 吨
最大速度	996 千米 / 小时
实用升限	12800 米
最大航程	7080 千米

第九章　空中加油机

经典空战武器装备

（五）美国 KC-767 空中加油机

KC-767 空中加油机，在波音 767-200ER 型客机的基础上发展而成。20 世纪 90 年代末，由于早期生产的空中加油机陆续达到退役年限，美国军方决定开发一种新型的空中加油机。2002 年 3 月，经过与空中客车公司生产的 A-330 空中加油机比较后，美国军方认为虽然 A-330 机体较大，但可携带的燃料并没有增加，而且运营成本较高，决定选择波音 KC-767。2003 年 11 月，美国空军宣布购买 80 架 KC-767，并向波音公司租用 20 架。

然而，由于定购过程中的贪污行为被曝光，美国国防部于 2006 年 1 月宣布取消 KC-767 定购合约。失去美军的订单后，波音公司继续独自发展 KC-767。其实，早在 2001 年，意大利和日本就已表达出购买 KC-767 的意向。2002 年 12 月 11 日，意大利与波音公司签署协议，购买 4 架 KC-767，命名为 KC-767A，用于取代本国的波音 707-300 型空中加油机。由此，意大利成为了波音 767 空中加油机的第一个真正客户。

首架 KC-767A 飞机于 2003 年 8 月开始改装，2005 年 5 月 21 日首飞，并于 2011 年 1 月交付意大利空军，目前已全部交付。

2003 年，日本与波音公司正式签约订购 4 架 KC-767 空中加油机，并命名为 KC-767J。2005 年 6 月，首架 KC-767J 抵达波音威奇托工厂开始安装加油机设备，并于 2008 年 2 月 19 日交付日本，余下 3 架分别于 2008 年 3 月 5 日、2009 年 3 月和 2010 年 1 月交付完毕。

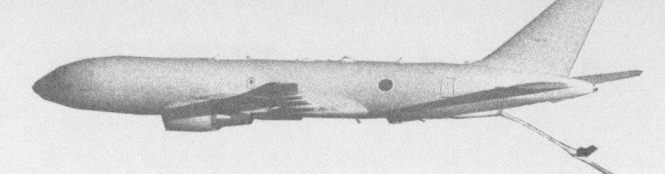

与波音767-200ER客机不同，KC-767在机体结构的关键部位采用了改进的铝合金和合成凯芙拉石墨复合材料，机体重量减轻，但强度和抗疲劳性得到增强，服役寿命可进一步延长。该机采用全数字式驾驶舱，装备有先进的数字式飞行显示设备、加油控制设备、机载设备和通信系统，以及军用航空电子、导航和通信设备、雷达告警接收机和光电对抗设备。

KC-767可携带油料108932升，其中，机翼油箱储存90764升，辅助油箱储存18168升，比KC-135可多加注20%的油料。该机共有4套加油设备，采用硬管加油和软管加油两种加油方式。其中，在机翼两侧下方分别挂装有空中加油吊舱，每个吊舱加油速度1514升/分钟；在机身中部下方装有1套插头套锥式加油系统，加油速度2271升/分钟；机身后部装有伸缩套管式加油吊杆，加油速度2271升/分钟。

KC-767机翼前缘下方装有两台涡轮风扇发动机，最大飞行速度915千米/小时，巡航速度851千米/小时，在最大起飞重量的情况下，可在长2350米的跑道上起飞，能在世界上大约8000个机场起降，而KC-135加油机的起飞滑跑距离要3657米，只能在228个机场起降。

该机不仅可以作为空中加油机使用，还可用于军事运输。机舱长33.93米，宽4.72米。通过替换机舱内部的舱面地板，可以组合为客运机、货运型、可变换型（旅客或货运型）和混合型（旅客和货运型），可运输19个标准的军用463升集装箱，或200名士兵，或10个集装箱和100名士兵。

经典空战武器装备

日本航空自卫队 KC-767J 空中加油机

主要参数

机　长	48.5米	起飞重量	186.880吨（最大）
翼　展	47.6米	最大载油	72.877吨
机　高	15.8米	最大速度	915千米/小时
乘　员	3人	实用升限	12200米
空　重	82.377吨	最大航程	12200千米

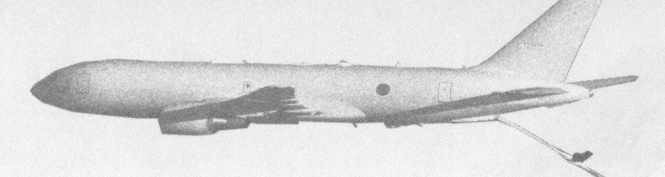

（六）英国 L-1011 空中加油机

L-1011 空中加油机，也称"三星"（Tristar）空中加油机，该机以美国洛克希德公司生产的 L-1011"三星"运输机为基础改装而成，由英国剑桥马歇尔工程公司研制，主要装备英国皇家空军，用于空中加油。

"三星"空中加油机共有 9 架，服役于驻扎在布雷兹诺顿空军基地的第 216 中队。1982 年，剑桥马歇尔公司从英国航空公司购买了正在使用的 6 架"三星"运输机，于 1983 年开始对其中 4 架进行改装，命名为"三星"Kmk.1 型空中加油机，并于 1985 年 7 月 9 日首飞。

1987 年初，剑桥马歇尔公司对另外两架又进行了改装，命名为"三星"KCmk.1 空中加油机/货机。20 世纪 90 年代初，剑桥马歇尔公司从美国泛美公司购买 3 架"三星"运输机，并将改装为"三星"Kmk.2 空中加油机。

"三星"空中加油机在"三星"运输机的基础上主要对空中加油设备、空中受油设备和机身燃油箱进行了改装，Kmk.1、KC mk.1 和 K.mk.2 三个型号的改装工程大体一样。其中，空中加油设备为英国空中加油有限公司生产的 MK17T 软管绞盘装置和机翼空中加油吊舱。为了避免因一套设备发生故障而影响空中加油，该机装有 2 套软管绞盘装置，2 套装置并列安装在飞机后货舱内的气密箱内。

主要参数			
机　长	50.05米	起飞重量	231.332吨（最大）
翼　展	50.09米	最大载油	136080升
机　高	16.87米	最大飞行速度	1105千米/小时
乘　员	3人	实用升限	12800米
空　重	111吨	最大航程	11279千米

英国L-1011"三星"空中加油机

该机在"三星"运输机的基础上加装2组燃油箱，分别装在地板下层的前、中两个油箱舱内。其中，前舱内的油箱为一组，共有4个油箱；中舱内的油箱为另外一组，共有3个油箱。每个油箱储油6480千克，7个油箱相互连通，燃油可从一个油箱流进另外一个油箱。油箱、输油导管和集流箱均与一个泄油箱相互连接，泄油箱又与一个机外排油箱相连，每组油箱的末端均装有一个集流箱，集流箱内装有通气管，通气管与机翼油箱的通气系统相接。

"三星"空中加油机采用重力加油方式。燃油依靠重力从油箱底一直灌注到集流箱内的增压泵位置，所有油泵全部工作时的最大输油率为908千克/分钟。每个集流箱大约可容纳1000磅燃油，供软管绞盘装置使用。前油箱舱内的燃油通过一个直径为4英寸的导管输送到软管绞盘装置；中油箱舱内的燃油可以直接供软管绞盘装置使用。此时，油箱里的油料通过软管绞盘装置加注到受油飞机上。该机软管绞盘装置输油率1816千克/分钟。

该机装3台涡轮风扇发动机，最大飞行速度1105千米/小时，9100米高度时巡航速度973千米/小时，最大爬升率12.9米/秒，最大载重航程9899千米，最大载油航程11279千米。空中加油时，飞行速度为333～593千米/小时，飞行高度10675米。

当加油机本身在地面受油时，该机通过使用普通加油接头，燃油通过加油主导管、断油活门和油箱内的高压加油活门进入油箱。当燃油加满后，高压阀门自动关闭。当空中受油时，需要通过空中受油管进行加注。受油管位于驾驶舱右侧机身上表面，受油管可以向所有油箱加油，受油管的最大受油率为1816千克/分钟。

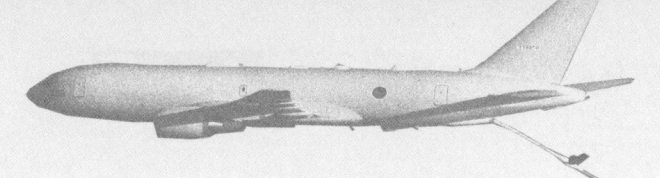

（七）俄罗斯伊尔-78空中加油机

伊尔-78加油机，由伊尔-76军用运输机改装而成，绰号"米达斯"（Midas）。该机由苏联伊留申设计局研制，主要用于给远程飞机、前线飞机和军用运输机进行空中加油，同时还可用作运输机，并可向野战机场紧急运送燃油。目前，该机主要由乌克兰和俄罗斯两国生产。

伊尔-78加油机主要有伊尔-78和伊尔-78M两种型号。该机研制工作始于20世纪80年代初期，用来取代米亚-4和图-16空中加油机。其中，伊尔-78型以伊尔-76MD运输机为基础进行改装，1982年开始研制，1984年首飞，1987正式服役。共生产约30架，其中约20架部署在乌克兰，苏联解体后这些飞机便移交给了乌克兰。

伊尔-78兼具空中加油和运输功能，其外形与伊尔-76军用运输机差别不大，主要区别是机身内部增设了两个较大的、可拆卸的金属油箱，左右翼及机尾左侧加挂有加油吊舱，机尾没有安装武器系统，炮手的位置由加油控制员取代。

伊尔-78机组成员7人，最大可供油量65吨，每个吊舱的正常输油量约为1000升/分，供油30吨时的空中加油活动半径为2500千米，供油60吨时的空中加油活动半径为1000千米，总体性能比美国的KC-135要先进得多。由于该机货舱内保留了货物处理设备，因此只要拆除货舱油箱，就可担任一般运输或空投任务，最大载重约50吨。

经典空战武器装备

伊尔-78M是伊尔-78的改进型。该机的研制工作始于1984年底。与伊尔-78相比,伊尔-78M则是专业的空中加油机。该机在货舱内加装有第三个油箱,最大可供油量增至106吨;为了提高输油速度,以及使加油管避开机身气流,该机采用新设计的L形加油夹舱,输油量提高到2340升/分。

伊尔-78M与伊尔-78一样采用"软管"加油方式,装有UPAZ-1"萨哈林"三点式空中加油系统,加油管长26米,可通过机腹加油点为一架重型轰炸机、机翼加油点为两架战术飞机同时进行空中加油,为重型轰炸机加油速度为4000升/分,为战术飞机加油速度为2340升/分。为了节省重量,伊尔-78M货舱内没有安装货物处理设备,货舱门也无法打开,因此,该机将不再具有运输功能。1987年5月,该机进行试飞;1992年在莫斯科航空展首次对外亮相。

目前,伊尔-78M空中加油机已投入小批量生产,并出口至印度、巴基斯坦等国。该机为苏-24战斗轰炸机加油时,每架飞机加油8000~9000千克,苏-24飞机经过一次空中加油后,其作战半径增加85%~90%,在攻击前、后各加油一次,作战半径可增加135%~180%。

该机机组成员6人,机长46.59米,翼展50.5米,机高14.76米,装有4台涡轮风扇发动机,空重72000千克,正常重量150000千克,最大起飞重量210000千克,输送油料重量92800千克,最大飞行速度850千米/小时,实用升限12000米,空中加油高度2000~9000米,加油时飞行速度430千米/小时~590千米/小时,航程7300千米。

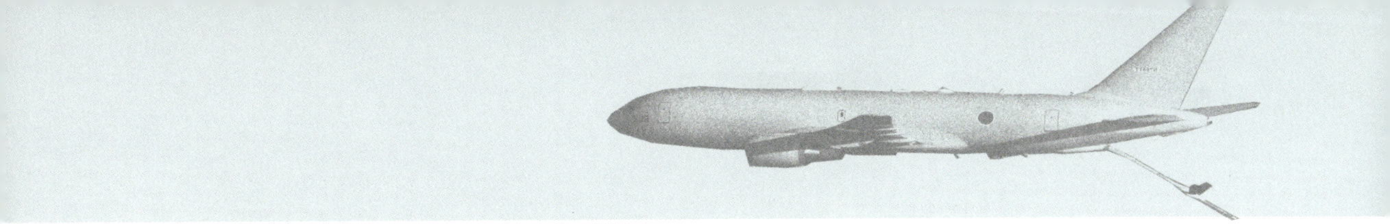

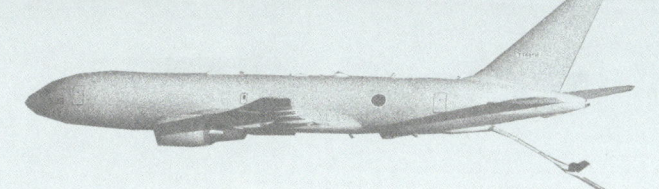

主要参数（伊尔-78M）			
机　长	46.59 米	起飞重量	210 吨（最大）
翼　展	50.5 米	最大载油	106 吨
机　高	14.76 米	最大速度	850 千米/小时
乘　员	6 人	实用升限	12000 米
空　重	72 吨	最大航程	7300 千米

印度空军装备的伊尔-78MK 型空中加油机

（八）欧洲A330 MRTT空中加油机

A330MRTT空中加油机，在空客中远程双通道A330-200民用飞机的基础上改装而成。其中，MRTT是多用途加油运输机（Multi Role Tanker Transport）的英文缩写。该机由空中客车公司研制，主要担负空中加油、空中运输和医疗救助等任务。

该机采用了目前所能应用的各种现代技术，总体性能更加先进，空中加油能力更加全面。A330MRTT共有3套加油设备，其中左右机翼下方各安装一套为战斗机加油的软式锥形套管，后机身下方装有一套为大型飞机加油的硬式伸缩套管。因此，该机可根据用户的要求，采用硬管和软管两种不同加油方式，可以分别安装一根伸缩套管或两个机翼吊舱，也可以将两个机翼吊舱与机身中部下方的软管套锥系统或者机身尾部的伸缩套管系统分别组合。

其中，按照英国空军的使用要求，A330MRTT安装的是软管套锥式空中加油系统，包括2个Mk32-905E型机翼吊舱和1个机身加油部件。按照澳大利亚空军的要求，该机不仅装有为战斗机加油用的软管套锥加油系统，还装有为轰炸机和运输机加油用的伸缩套管加油系统。

A330MRTT拥有超大容量的载油能力，机翼内油箱的最大载油量达到111吨，比英国空军的L1011型"三星"空中加油机多25%，比KC-767A加油机还多50%。该机可在飞行4000千米期间，为6架战斗机空中加油，

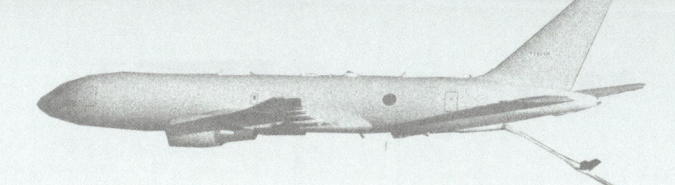

主要参数

机 长	58.8 米	起飞重量	233 吨（最大）
翼 展	60.3 米	最大载油	111 吨
机 高	17.4 米	最大速度	880 千米/小时
乘 员	3 人	实用升限	13000 米
空 重	125 吨	最大航程	14800 千米

英国空军 A330MRTT 空中加油机

并运输 43 吨货物；或者可以在飞行 1850 千米、预定空域巡航 2 小时期间，为作战飞机加注 68 吨燃油。

此外，由于该机所携带的油料主要储存在机翼吊舱和机尾的油箱里，并未占用客货舱的空间，因此，A330MRTT 仍然具有强大的运输能力。该机客舱内拥有 272 个座位，最多可以运载人员 285 名；或者装载 6 个 2.235 米×2.743 米的北约标准军用货盘，及两个 LD3 型航空集装箱（轮廓容积 4.8 立方米，内容积 4.3 立方米）；或者装载 28 个 LD3 型集装箱或者 8 个 2.438 米×3.175 米的军用货盘及两个 LD3 型集装箱；当执行医疗救助任务时，客货舱可改作治疗室、急救室和临时病房。

三、空中加油机背后的故事

经典空战武器装备

空中加油机助战阿富汗

2001年9月11日,美国世贸大厦、国防部五角大楼等目标接连遭到袭击,世贸大厦倾刻间轰然倒塌,这就是震惊全世界"9·11"事件。2001年10月7日,美国以反恐为名对阿富汗发动了代号为"持久自由"的军事打击行动。

同海湾战争和科索沃战争一样,阿富汗战争仍然是空中力量唱主角。至2002年3月8日,在持续五个月的空中打击行动中,美军共出动各型飞机2万多架次,其中实施直接打击行动的作战飞机近1万架次,共投弹17670枚,发射各型炮弹25800发。

但是,与海湾战争和科索沃战争不同的是,阿富汗周边并没有美国自己和盟国的军事基地。尽管阿富汗周围的几个主要国家,比如沙特、乌兹别克斯坦、巴基斯坦等国答应向美国提供基地,却禁止美国从其领土起飞作战飞机对阿富汗实施空中打击。为此,美国不得不动用航空母舰,并启用远距离海外基地。

整个战争中,美军先后共有6艘航母轮番参战。由于航空母舰停泊在阿拉伯海上,距离打击目标1100~1200千米,舰载战斗机一次飞行需要耗时5~6.5小时,最多时达10个小时,因此,空中加油任务十分繁重。

在最开始的几天里,"企业"号航母上的8架加油机,平均每天要飞行4~6小时,以保证48架F-14和F/A-18舰载战斗机每天至少执行一次任务。在战斗机返航时,有些加油机还要在航母上空盘旋,防止有的战斗机一时无法降落将油料耗尽。

对美军来说,南面位于印度洋上的迪戈加西亚基地距阿富汗5000千米,西面的波斯湾及附近基地均在2000千米以外,距阿富汗最近的土耳其因契尔利克空军基地也在2000千米以外。这就意味着美军的一些重型轰炸机必须空中加油长途奔袭,才能到达阿富汗上空。

2001年9月15日,接到美国国防部的行动部署命令后,美空军迅速组建远征部队着手向海外部署。9月20日,加油机部队率先开始部署。当天,美空军第92

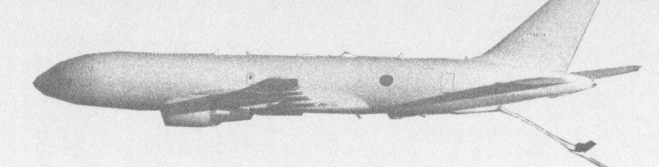

空中加油机联队的 6 架 KC-135 从驻地费尔柴尔德转场关岛安德森基地。第 60 空中机动联队派出 15 架 KC-10 型加油机从特拉维斯陆续进驻迪戈加西亚岛。

为了保证其他飞机完成任务部署，美空军先后在特拉维斯、费尔柴尔德、埃尔门多大、希卡姆、安德森、加手纳、乌塔堡、巴耶黎巴和迪戈加西亚等基地加派或临时增派加油机，并以上述基地作为支点，在太平洋和印度洋海域上空架设了空中加油走廊。

空中加油走廊开设完毕后，各型轰炸机便陆续就位并展开轰炸行动。9 月 22 日～23 日，美国空军的 8 架 B-52H，经过空中加油后，途中不着陆飞行近 30 个小时，从巴克斯代尔直接进驻迪戈加西亚群岛。9 月 23 日～24 日，美国空军的 8 架 B-1B 也采取空中加油的方式，进驻迪戈加西亚群岛。

迪戈加西亚岛距离阿富汗战区约 4200 千米，担任轰炸任务的 B-52H 通常需要在目标区停留 1～3 小时，整个任务历时约 14～15 个小时，最长 17 个半小时。B-52H 一般在 6～18 时从迪戈加西亚岛起飞，起飞 4 个小时后，进行第 1 次空中加油，每架受油 45～55 吨，12～24 时到达阿富汗上空，返航时进行第 2 次空中加油，每架受油 27～36 吨，19 时至次日 7 时降落在迪戈加西亚岛。

起初，B-1B 轰炸机也部署在迪戈加西亚岛，后来转到苏姆莱特基地，但距离前线也有 1700 千米，每次执行任务也需耗时 8～9 个小时，往返一个来回需要在空中加油 2～3 次。

10 月 7 日、8 日、9 日，美军连续三天出动 B-2A 轰炸机，每天 1 批 2 架对阿富汗目标进行远程奔袭。该机一般于 12～16 时从怀特曼起飞，第 3 天凌晨 0 时～4 时许（起飞后 36 小时）飞临阿富汗上空，投弹完毕后于 6～12 时降落至迪戈加西亚岛。在空中加油机的伴随下，B-2A 创造了连续飞行 44 小时的新纪录。

到达迪戈加西亚岛后，B-2A 经地面加油和替换机组乘员后，于第 3 天 10～14 时许从该岛起飞，第 4 天 15～20 时返回怀特曼基地，返回时间约 29～30 个小时。B-2A 执行一次任务总飞行时间约为 71～74 小时，除了在迪戈加西亚岛进行地面加油外，往返全程共需进行 9 次空中加油。